MATEMÁTICA

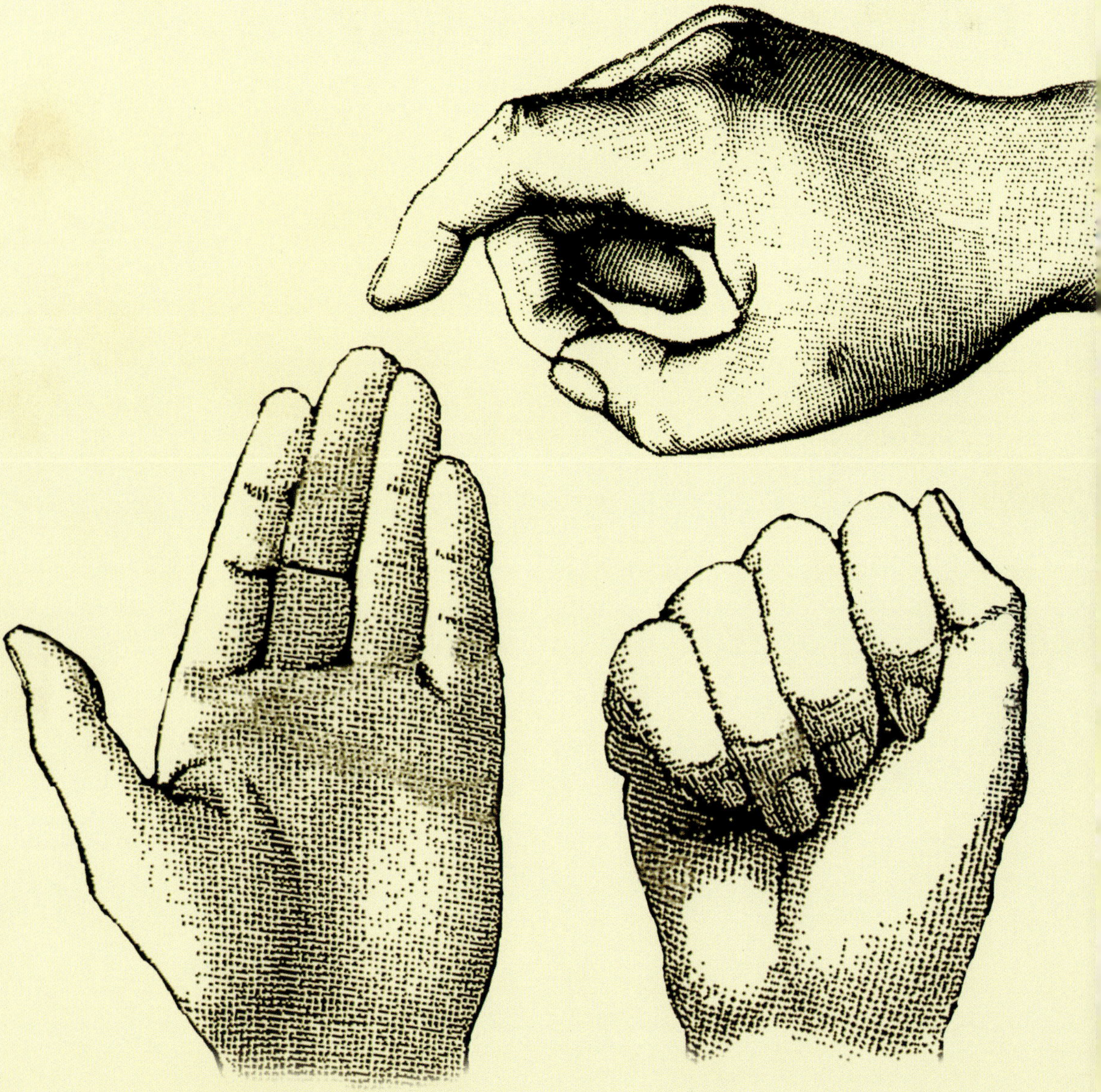

MATEMÁTICA

50 conceitos e teorias fundamentais explicados de forma clara e rápida

Editor **Richard Brown**

PUBLIFOLHA

Título original: *30-Second Maths*

Publicado originalmente na Grã-Bretanha em 2012 pela Ivy Press Limited, 210 High Street, Lewes, East Sussex BN7 2NS, Inglaterra.

Coordenação do projeto **Publifolha**
Editora assistente **Andréa Bruno**
Produtora gráfica **Samantha Monteiro**

Produção editorial **Página Viva**
Edição **Christian Botelho Borges**
Tradução **Ricardo Ploch**
Revisão **Mariana Nascimento, Juliana Prado**
Diagramação **Mariana Leme, Priscylla Cabral**
Consultoria **Tiago Tranjan**

Edição original **Ivy Press**
Diretor de criação **Peter Bridgewater**
Publisher **Jason Hook**
Diretora editorial **Caroline Earle**
Diretor de arte **Michael Whitehead**
Designer **Ginny Zeal**
Ilustrações **Ivan Hissey**
Perfis **Viv Croot**
Glossários **Steve Luck**
Editor do projeto **Jamie Pumfrey**
Colaboradores **Richard Brown, Richard Elwes, Robert Fathauer, John Haigh, David Perry, Jamie Pommersheim**

Dados Internacionais de Catalogação na Publicação (CIP)
(Câmara Brasileira do Livro, SP, Brasil)

Matemática : 50 conceitos e teorias fundamentais explicados de forma clara e rápida / editor Richard Brown ; [tradução Ricardo Ploch]. – 1. ed. – São Paulo : Publifolha, 2014.

Título original: 30-second maths
ISBN 978-85-7914-566-7

1. Álgebra 2. Geometria 3. Matemática I. Brown, Richard.

14-11753 CDD-510

Índices para catálogo sistemático:
1. Matemática 510

Este livro segue as regras do Acordo Ortográfico da Língua Portuguesa (1990), em vigor desde 1º de janeiro de 2009.

Impresso na 1010 Printing International Ltd., China.

PUBLIFOLHA
Divisão de Publicações do Grupo Folha
Al. Barão de Limeira, 401, 6º andar
CEP 01202-900, São Paulo, SP
Tel.: (11) 3224-2186/2187/2197
www.publifolha.com.br

SUMÁRIO

INTRODUÇÃO

Richard Brown

Dizem que a matemática é a arte da razão pura; a estrutura lógica fundamental de tudo o que existe e também de tudo o que não existe. Bem distante dos cálculos simples que permitem controlar gastos diários e administrar assuntos cotidianos, a matemática nos auxilia a organizar e compreender tudo o que podemos imaginar na vida. Assim como a música, a arte e a linguagem, seus símbolos e conceitos essenciais, muitos dos quais serão definidos e discutidos neste livro, permitem ao ser humano se expressar de formas extraordinariamente intrincadas e definir estruturas cuja complexidade e beleza estão além de nossa imaginação. Embora os usos práticos da matemática sejam abundantes, o que a torna tão mágica é a elegância e a beleza que possui fora dos contextos de aplicação real. E é por tornarem nossa existência inteligível e nos ajudarem a organizá-la que atribuímos significado aos conceitos matemáticos.

As ciências naturais e sociais usam a matemática para descrever suas teorias e conferir uma estrutura a seus modelos, ao passo que a aritmética e a álgebra nos permitem conduzir nossos afazeres e aprender como pensar. Mas a verdadeira natureza da disciplina reside além dessas aplicações práticas: a matemática fornece as regras do jogo para todo o sistema do pensamento estruturado.

Este livro oferece um conjunto atualizado de alguns dos elementos mais básicos e fundamentais desse campo, com definições, um pequeno histórico e algumas informações acerca da natureza de muitos conceitos matemáticos básicos. São 50 verbetes, cada qual sobre um tópico importante, organizados em sete categorias, que ajudam a definir seu contexto em grandes linhas. Em **Números e**

Geometria elegante
Os matemáticos frequentemente lançam mão da geometria para "visualizar" objetos matemáticos, tais como as equações. Esta é uma prova visual do famoso teorema de Pitágoras: $a^2+b^2=c^2$.

contagem, exploramos os elementos básicos que nos permitem enumerar tudo que existe ao nosso redor. Estudamos algumas das operações e estruturas aplicadas aos números em **Colocando os números para trabalhar**. Esses verbetes basicamente descrevem o sistema aritmético que nos ajuda a usar a matemática na vida diária. Em **Que fantástico é o acaso**, exploramos algumas ideias e consequências da aplicação da matemática a eventos aleatórios e acontecimentos fortuitos. Em seguida, expomos algumas estruturas mais profundas e complexas dos números em **Álgebra e abstração**. Aqui se inicia o caminho rumo à matemática superior. Em **Geometria e formas**, exploramos os aspectos mais visuais das relações matemáticas, ao passo que em **Uma outra dimensão** investigamos o que acontece fora de nossas três dimensões. Finalmente, em **Provas e teoremas**, discutimos fatos e ideias mais profundos aos quais nossa jornada matemática nos conduziu.

Tomados individualmente, os verbetes nos permitem visualizar brevemente alguns dos mais belos conceitos que são de importância central para a matemática nos dias de hoje. A exposição de cada tópico segue um formato cujo propósito é tornar a apresentação tão efetiva quanto possível: a seção "Soma em 3 Segundos" oferece o panorama mais breve, o texto principal se aprofunda mais no tópico e a "Adição em 3 Minutos" traz ponderações acerca das conexões mais profundas entre a ideia e sua importância no mundo. Espera-se que, tomados em conjunto, esses elementos ajudem a abrir seus olhos para uma compreensão mais completa das engrenagens daquilo que realmente importa na matemática.

Consultado como texto de referência, este livro fornecerá os elementos básicos das ideias mais instigantes da matemática. Lido de capa a capa, pode oferecer um olhar de relance sobre outro mundo que é tão rico e significativo quanto aquele em que você vive agora: o mundo da matemática.

Beleza dimensional

Há apenas cinco formas de construir um sólido tridimensional usando polígonos regulares, e não é difícil entender por quê. Mas isso torna esses objetos especiais? Os matemáticos acham que sim.

NÚMEROS E CONTAGEM

NÚMEROS E CONTAGEM
GLOSSÁRIO

álgebra Um dos principais ramos da matemática pura, estuda operações e relações entre objetos matemáticos, tais como números. A álgebra elementar lida com as regras da aritmética aplicadas a expressões que envolvem variáveis, enquanto a avançada abrange construções e objetos matemáticos distintos dos números.

binário (base 2) Sistema de contagem em que aparecem apenas os números 1 e 0. Assim como em nosso sistema de base 10 há uma coluna dos 1 ($10^0 = 1$), uma dos 10 (10^1), uma dos 100 (10^2) e assim por diante, na base 2 há uma coluna dos 1 (2^0), uma dos 2 ($2^1 = 2$), uma dos 4 (2^2) etc. Por exemplo, a versão binária de 7 é 111, como em $1 \times 1 + 1 \times 2 + 1 \times 4$.

coeficiente Número usado para multiplicar uma variável; na expressão $4x = 8$, 4 é o coeficiente e x é a variável. Embora sejam usualmente números, símbolos como a podem ser utilizados para representar coeficientes, chamados de coeficientes constantes ou termos constantes quando não estão associados a uma variável.

fator Número que divide outro número sem deixar resto. Por exemplo, 3 e 4 são fatores de 12, assim como são 1, 2, 6 e 12.

inteiro Número natural qualquer (os números de contagem 1, 2, 3, 4, 5 e assim por diante), 0 ou os números naturais negativos.

número algébrico Qualquer número que seja raiz de um polinômio não nulo com coeficientes inteiros. Ou seja, números algébricos são soluções para equações polinomiais (p. 80), como $x^2 - 2 = 0$, onde $x = \sqrt{2}$. Todos os números racionais são algébricos, mas os irracionais podem ser algébricos ou não. Exemplo interessante de número algébrico é a razão áurea (1,6180339...), que usualmente se escreve ϕ.

número complexo Qualquer número que contém componentes numéricos reais e imaginários, como $a + bi$, no qual a e b representam um número real qualquer e i representa $\sqrt{-1}$. Veja *número imaginário*.

número figurado Qualquer número que pode ser representado como um formato geométrico regular (triângulo, quadrado, hexágono etc.).

número fracionário (fração) Qualquer número que representa parte de um todo. As frações mais comuns são chamadas frações comuns ou vulgares, nas quais o número de baixo, o denominador, é um inteiro não nulo que indica quantas partes compõem o todo, ao passo que o número de cima, o numerador, representa o número de divisões iguais do todo. Frações próprias representam um valor menor que 1, por exemplo $2/3$, enquanto frações impróprias representam um valor maior que 1, por exemplo, $3/2$ ou $1\,1/3$.

número imaginário Número que, elevado ao quadrado, fornece um resultado negativo. Uma vez que nenhum número real elevado ao quadrado fornece resultado negativo, os matemáticos desenvolveram o conceito da unidade numérica imaginária i, de modo que $i \times i = -1$, ou seja, $i = \sqrt{-1}$. Ter uma unidade numérica imaginária que representa $\sqrt{-1}$ ajuda a resolver diversas equações que não teriam solução de outra maneira.

número irracional Qualquer número que, em uma reta numérica, não pode ser expresso como razão entre inteiros. Os exemplos de números irracionais mais comumente citados são π e $\sqrt{2}$. Uma boa forma de identificar um número irracional é verificar se sua expansão decimal não se repete. A maior parte dos números reais são irracionais.

número natural Também conhecido como número de contagem, é um inteiro positivo qualquer em uma reta numérica ou contínuo. Há divergências, no entanto, acerca de 0 ser um número natural.

número racional Qualquer número que, em uma reta numérica, pode ser expresso como a razão entre dois inteiros; ou, simplesmente, qualquer número que pode ser escrito como uma fração, incluindo os números naturais. Os números racionais também são identificados por decimais finitos ou periódicos.

número real Qualquer número que expressa uma quantidade ao longo de uma reta numérica ou contínuo. Os números reais compreendem todos os números racionais e irracionais.

número transcendental Qualquer número que não é raiz de um polinômio não nulo com coeficientes inteiros; em outras palavras, números não algébricos. π é o número transcendental mais conhecido, de modo que, de acordo com a definição inicial, π não poderia satisfazer a equação $x^2 = 10$. A maior parte dos números reais é transcendental.

polinômio Expressão que usa números e variáveis e permite apenas as operações de adição, multiplicação e expoentes inteiros positivos, por exemplo, x^2. Veja *Equações polinomiais*, p. 80.

reta numérica Representação visual de todos os números reais em uma escala horizontal, com os valores negativos se estendendo indefinidamente para a esquerda e os positivos para a direita, divididos pelo zero. A maioria das retas numéricas costuma exibir os inteiros positivos e negativos separados por espaços iguais. Também chamada de contínuo.

FRAÇÕES E DECIMAIS

SOMA EM 3 SEG

O ponto de partida para a matemática é o sistema dos números naturais: 0, 1, 2, 3... Mas muitas coisas escapam por entre os vãos, e há duas maneiras de medi-las.

ADIÇÃO EM 3 MIN

A tradução entre frações e decimais nem sempre é uma tarefa óbvia. É fácil reconhecer 0,25, 0,5 e 0,75 como $^1/_4$ $^1/_2$ e $^3/_4$, respectivamente. Mas o equivalente decimal de $^1/_3$ é 0,333333... (a série de 3 nunca termina), e $^1/_7$ é 0,142857142857142857..., que também contém um padrão recorrente (142857) que nunca cessa. Na verdade, todos os números fracionários possuem padrões recorrentes em suas casas decimais, ao passo que os números não fracionários, como o π, possuem casas decimais que não se repetem – esses são os números reais irracionais.

Os números naturais (0, 1, 2, 3...) são o fundamento da matemática e têm sido usados pelos humanos por milênios. Mas nem tudo pode ser medido com eles. Se 15 ha de terra são divididos entre 7 fazendeiros, cada um terá $^{15}/_7$ (ou $2^1/_7$) ha. Os números não naturais mais simples podem ser expressos de forma fracionária, mas para outros, como o π, isso causa dificuldades ou é impossível. Com o desenvolvimento da ciência, veio a necessidade de subdividir quantidades de maneira cada vez mais precisa. Entra em cena o sistema decimal, um eficiente método baseado em colunas que usa numerais indo-arábicos. Por exemplo, o número 725 tem três colunas e representa 7 centenas, 2 dezenas e 5 unidades. Por meio da adição de uma vírgula decimal após as unidades e de colunas extras à sua direita, essa abordagem é facilmente estendida a números menores que uma unidade. Assim, 725,43 representa 7 centenas, 2 dezenas, 5 unidades, 4 décimos (de uma unidade) e 3 centésimos. A incorporação de um número cada vez maior de colunas à esquerda ou à direita permite que tanto números grandes como pequenos sejam escritos de forma tão precisa quanto necessário. De fato, qualquer número entre os naturais pode ser expresso como um decimal (embora não como uma fração), resultando, assim, no sistema numérico "real".

TEORIAS RELACIONADAS

NÚMEROS RACIONAIS E IRRACIONAIS
p. 16
BASES DE CONTAGEM
p. 20
ZERO
p. 36

BIOGRAFIAS EM 3 SEG

ABU 'ABDALLAH MUHAMMAD IBN MUSA AL-KHWARIZMI
c. 770-c. 850

ABU'L HASAN AHMAD IBN IBRAHIM AL-UQLIDISI
c. 920-980

IBN YAHYA AL-MAGHRIBI AL-SAMAWAL
c.1130-1180

LEONARDO PISANO (FIBONACCI)
c. 1170-c. 1250

TEXTO DE 30 SEG

Richard Elwes

Os números naturais podem ser subdivididos em frações, e os decimais expressam tais divisões de forma ainda mais precisa.

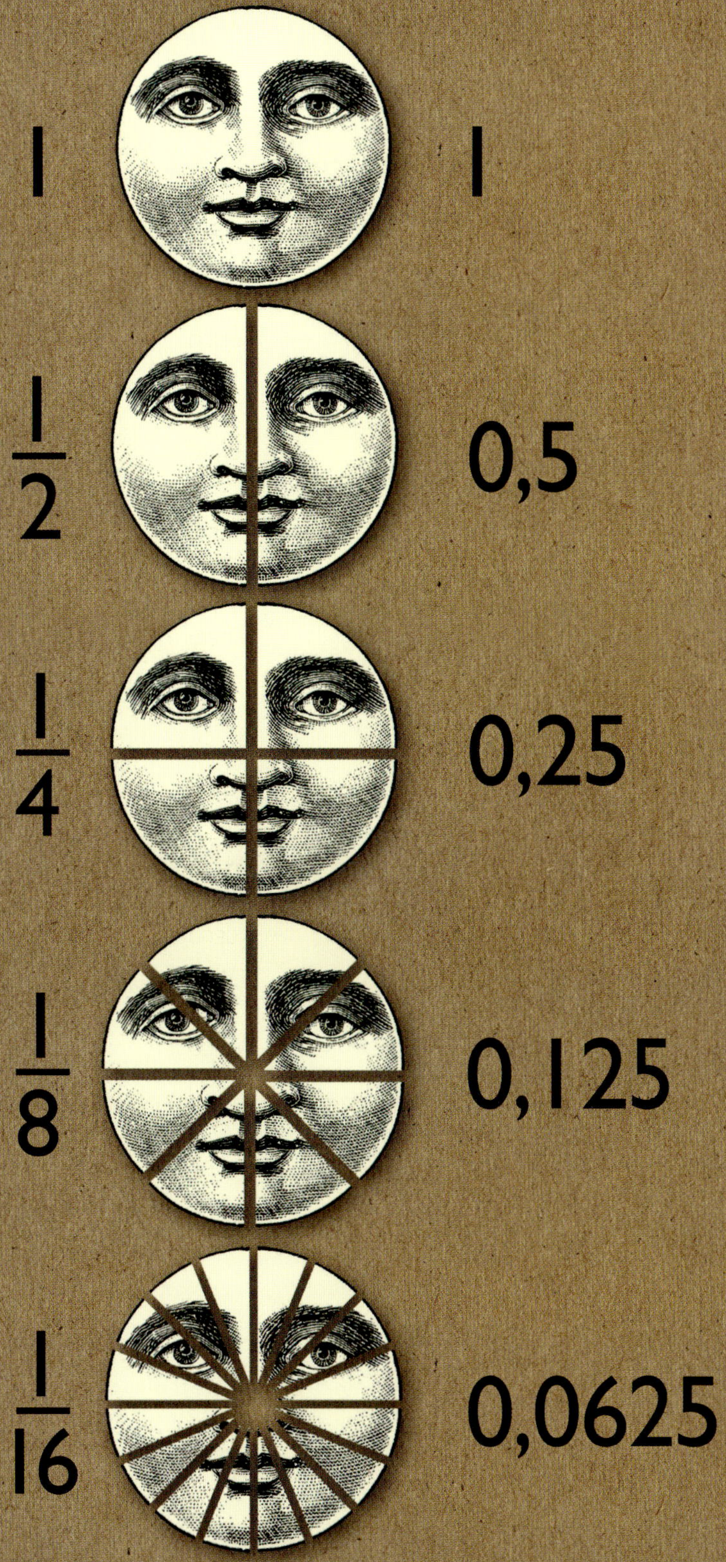
1
1
1/2
0,5
1/4
0,25
1/8
0,125
1/16
0,0625

NÚMEROS RACIONAIS E IRRACIONAIS

SOMA EM 3 SEG
Números "reais" – usados para expressar quantidades e representáveis por meio de uma expansão decimal – são racionais ou irracionais. Mas alguns irracionais são mais inusitados que outros.

ADIÇÃO EM 3 MIN
A filosofia dos gregos antigos sustentava que todas as coisas mensuráveis são, na pior das hipóteses, uma razão de números naturais. Conforme algumas anedotas, os pitagóricos ficaram tão desconcertados com a descoberta de que $\sqrt{2}$ é irracional que Hipaso de Metaponto foi assassinado para evitar que essa verdade fosse revelada ao mundo. Um número como π talvez se revele de forma mais intuitiva como irracional, mas não faz 250 anos que isso foi provado, e ainda levaria outro século para surgir a prova de que π é transcendental.

O conjunto dos números reais abrange os números positivos, os negativos e o 0, e esses valores podem ser categorizados de diversas maneiras. A principal consiste em distinguir os que podem ser expressos como uma fração de dois inteiros, tais como $\frac{1}{2}$ ou $\frac{-7}{3}$ (os chamados números racionais), daqueles que não podem (os chamados números irracionais). Os gregos antigos acreditavam que todos os números eram racionais, até que um discípulo de Pitágoras provou que $\sqrt{2}$ não é racional. Você pode dizer se um número é racional ou irracional olhando sua expansão decimal – se os dígitos acabam se repetindo, o número é racional (pense em $\frac{3}{11} = 0{,}272727...$). Expansões decimais de números irracionais (por exemplo, $\pi = 3{,}14159265...$) possuem dígitos que não se repetem. Mas isso não é tudo. Números racionais e muitos irracionais têm algo em comum: são algébricos, isto é, constituem soluções para equações polinomiais com coeficientes inteiros. Por exemplo, $\sqrt{2}$ é uma solução de $x^2 - 2 = 0$ (veja *Equações polinomiais*, p. 80). Mas muitos números irracionais não são algébricos, e π é um exemplo. Números não algébricos são chamados de transcendentais – apenas números irracionais podem ser transcendentais.

TEORIAS RELACIONADAS
FRAÇÕES E DECIMAIS
p. 14
EXPONENCIAIS E LOGARITMOS
p. 44
EQUAÇÕES POLINOMIAIS
p. 80
PI – A CONSTANTE DO CÍRCULO
p. 96
PITÁGORAS
p. 100

BIOGRAFIAS EM 3 SEG
HIPASO DE METAPONTO
atuou no século V a.C.

JOHANN LAMBERT
1728-1777

CHARLES HERMITE
1822-1901

FERDINAND VON LINDERMANN
1852-1939

TEXTO DE 30 SEG
David Perry

Caia na real: números são racionais quando podem ser escritos como fração. Senão, são irracionais.

3/11
√2
π

NÚMEROS IMAGINÁRIOS

SOMA EM 3 SEG
Os matemáticos de hoje trabalham com um sistema numérico expandido, que inclui um novo número "imaginário": i, que é a raiz quadrada de −1.

ADIÇÃO EM 3 MIN
Os números complexos permitem que equações como $x \times x = -1$ tenham soluções. Alguém poderia perguntar se há soluções para $x \times x = i$, por exemplo, ou se temos que expandir o sistema mais uma vez. No entanto, os números complexos contêm soluções para todas as equações polinomiais possíveis, e isso quer dizer que nunca precisaremos de mais nada além deles. Esse maravilhoso fato é conhecido como o teorema fundamental da álgebra.

Através dos anos, os matemáticos ampliaram o sistema numérico várias vezes. Uma das expansões mais antigas foi a inclusão dos números negativos. Nos negócios, por exemplo, se $+4$ representa um lucro de 4 unidades, então -4 representa um débito equivalente. A aritmética negativa tem uma propriedade interessante. Multiplique um número positivo por um negativo, e o resultado será negativo: $-4 \times 3 = -12$. Mas multiplique dois números negativos, e o resultado será positivo: $(-4) \times (-3) = 12$. Dessa forma, não havia nenhum número (positivo ou negativo) que, quando multiplicado por si mesmo, fornecesse uma resposta negativa. Isso significava que algumas equações simples, como $x^2 = -1$, nunca poderiam ser resolvidas, o que era um obstáculo para a resolução de equações mais sofisticadas, mesmo quando existiam soluções para elas. Tal situação foi corrigida como a introdução do número "imaginário" i, definido como a raiz quadrada de -1; ou seja, $i \times i = -1$. Desde o início, isso provocou controvérsias, pois não passava de uma trapaça para ajudar em certos cálculos. Descartes, por exemplo, considerou depreciativo o emprego da palavra "imaginário"; com o passar do tempo, porém, o termo começou a ser bem-aceito. Hoje, o sistema numérico preferido dos matemáticos, o dos "números complexos", engloba números como $2 + 3i$ ou $\frac{1}{2} - \frac{1}{4}i$, ou, de forma mais geral, $a + bi$, onde a e b são números "reais" (isto é, decimais) quaisquer.

TEORIAS RELACIONADAS
FRAÇÕES E DECIMAIS
p. 14
EQUAÇÕES POLINOMIAIS
p. 80
A HIPÓTESE DE RIEMANN
p. 150

BIOGRAFIAS EM 3 SEG
NICCOLÒ FONTANA ("TARTAGLIA")
c. 1500-1557

GIROLAMO CARDANO
1501-1576

RAFAEL BOMBELLI
1526-1572

CARL FRIEDRICH GAUSS
1777-1855

AUGUSTIN-LOUIS CAUCHY
1789-1857

TEXTO DE 30 SEG
Richard Elwes

Os números reais não eram o bastante para alguns matemáticos – eles precisavam de números imaginários.

-14 -52 -98 -487 -956 -21 -36
+641 +542 +4 +5622 +414 +477
?
i

BASES DE CONTAGEM

Quando contamos números além do 9, estamos acostumados a colocar um "1" na próxima coluna e reutilizar os símbolos. A razão disso é que usamos a base 10 ou sistema decimal. Mas este nem sempre foi o sistema preferencial. Os antigos babilônios, por exemplo, usavam a base 60 (sistema sexagesimal): em vez de parar no 9 e passar para a próxima coluna, eles paravam no 59. Entre os vestígios desse sistema estão o uso continuado dos 60 minutos em uma hora e dos 360° em um círculo. Referências à contagem em base 12, o sistema duodecimal, nos dão os conceitos de dúzia e grosa (uma dúzia de dúzias). A contagem em base 20, o sistema vigesimal, era comum na Europa do passado (a "vintena" na famosa frase do Discurso de Gettysburg, de Abraham Lincoln, "4 vintenas e 7 anos atrás"). Computadores modernos usam a base 2, ou sistema numérico binário, em que apenas o 0 e o 1 são usados. Foi fácil produzir alguns dos primeiros sistemas de contagem em que eram necessários apenas dois estados mutuamente excludentes, como um circuito elétrico aberto ou fechado. Em qualquer base, a adição e a multiplicação são bem definidas e é possível fazer álgebra. Tente isso na próxima vez em que alguém lhe perguntar o valor de 1 mais 1. É óbvio que é 10 (na aritmética binária)!

SOMA EM 3 SEG

Uma base se refere ao número de dígitos diferentes que um sistema de contagem utiliza para representar valores numéricos.

ADIÇÃO EM 3 MIN

Os maias da América Central também usavam a base 20 para a "contagem longa" de seu calendário, embora "corrigissem" a terceira coluna de 400 = 20 × 20, como seria normal, para 18 × 20 = 360, talvez para refletir o número aproximado de dias em um ano. Se nós preferimos a base 10 simplesmente porque nossos dedos ajudam nos cálculos, será que os maias também empregavam os dedos do pé nessa tarefa?

TEORIA RELACIONADA

ZERO
p. 36

BIOGRAFIAS EM 3 SEG

GOTTFRIED LEIBNIZ
1646-1716

GEORGE BOOLE
1815-1864

TEXTO DE 30 SEG

Richard Brown

O sistema de contagem mais comumente empregado é o de base 10. Já os babilônios foram ambiciosos ao usar 60 dígitos diferentes. O código dos computadores não complica e utiliza dois meros dígitos.

0123456789

NÚMEROS PRIMOS

A maior parte dos números naturais pode ser fatorada em partes menores. Por exemplo, 100 = 4 × 25. Também é verdade que 100 = 20 × 5. Se tomarmos qualquer um desses exemplos e decompusermos os fatores em fatores ainda menores, chegaremos por fim à fatoração prima de 100: 100 = 2 × 2 × 5 × 5. Não podemos continuar decompondo os fatores – eles são primos, divisíveis apenas por 1 e por si mesmos. Quando os matemáticos começaram a listar os números primos, procuraram um padrão, mas não encontraram. Então se perguntaram se a lista era finita ou se era possível encontrar primos cada vez maiores. Euclides, em seu livro *Os elementos*, ofereceu uma elegante prova. 17.463.991.229 é um número primo grande. Como sabemos que ele é primo? Poderíamos tentar dividi-lo por todos os inteiros menores e declará-lo primo se não encontrássemos outros fatores senão o 1. Entretanto, isso demora muito, e há maneiras melhores de fazê-lo. Os maiores números primos conhecidos têm mais de 10 milhões de dígitos, e são necessários métodos engenhosos para estabelecê-los como tais. Encontrar números primos grandes pode parecer uma tarefa frívola, mas uma ideia revolucionária nos anos 1970 criou uma técnica para garantir a segurança nas comunicações mediante um sistema que requer a geração de grandes números primos. Essa técnica domina a internet, permitindo que façamos nossas compras on-line com segurança.

SOMA EM 3 SEG

Um número primo é um inteiro positivo que só é divisível por 1 e por si mesmo. Números primos não podem ser "decompostos" e estão para os inteiros assim como os elementos estão para a matéria.

ADIÇÃO EM 3 MIN

Quando olhamos para fatorações primas de números, parece óbvio que sempre obteremos os mesmos números primos ao final do processo. Quanto mais estudamos os números, porém, menos óbvio se torna esse fato verdadeiro e importante, que recebe o título de teorema fundamental da aritmética. Embora nenhuma fórmula permita gerar cada um dos números primos em sucessão, o teorema dos números primos nos dá uma ideia da proporção de números naturais que são primos.

TEORIAS RELACIONADAS

TEORIA DOS NÚMEROS
p. 30
OS ELEMENTOS DE EUCLIDES
p. 94

BIOGRAFIAS EM 3 SEG

EUCLIDES
c. 325-265 a.C.

CARL FRIEDRICH GAUSS
1777-1855

JACQUES HADAMARD
1865-1963

CHARLES JEAN
DE LA VALLÉE-POUSSIN
1866-1962

TEXTO DE 30 SEG

David Perry

Divisíveis apenas por 1 e por si mesmos, os números primos fascinaram os matemáticos por séculos. A descoberta de números primos muito grandes tem aplicações práticas nos dias de hoje.

1	2	3	4	5	6	7	8	9	10
11	12	13	14	15	16	17	18	19	20
21	22	23	24	25	26	27	28	29	30
31	32	33	34	35	36	37	38	39	40
41	42	43	44	45	46	47	48	49	50
51	52	53	54	55	56	57	58	59	60
61	62	63	64	65	66	67	68	69	70
71	72	73	74	75	76	77	78	79	80
81	82	83	84	85	86	87	88	89	90
91	92	93	94	95	96	97	98	99	100

OS NÚMEROS DE FIBONACCI

SOMA EM 3 SEG
Uma regra simples, a de somar os dois termos anteriores para obter o seguinte, produz uma das sequências numéricas favoritas da mãe natureza.

ADIÇÃO EM 3 MIN
Em 1202, Leonardo Pisano, também conhecido como Fibonacci, propôs um enigma acerca da procriação de coelhos em seu livro *Liber abaci* [O livro do ábaco]. A suposição de Fibonacci, talvez pouco realista, era a de que, depois de todo mês, cada par de coelhos adultos produz um par de coelhos-bebês, e coelhos-bebês levam um mês para se tornarem adultos. Se você começasse com um único par de coelhos-bebês em janeiro, teria 144 pares em dezembro!

Na sequência de Fibonacci
1, 1, 2, 3, 5, 8, 13, 21, 34, 55, 89, 144, 233, ... cada termo é a soma dos dois termos anteriores. A sequência resultante, que desempenha um papel especial em teoria dos números, possui diversas propriedades numéricas bastante curiosas. A soma dos termos da sequência de Fibonacci até certo ponto produz como resultado sempre algum número de Fibonacci menos um; por exemplo, $1 + 1 + 2 + 3 + 5 + 8$ é o número de Fibonacci 21 menos 1. A soma dos quadrados desses números é igual ao produto de dois números de Fibonacci: $1 + 1 + 4 + 9 + 25 + 64 = 8 \times 13$. As razões 1:1, 2:1, 3:2, 5:3, 8:5, ... se aproximam da razão áurea $\phi \approx 1{,}618$. Geometricamente, quadrados cujos lados têm números de Fibonacci como comprimentos se ajustam perfeitamente uns aos outros para formar uma espiral áurea. Muito antes que os seres humanos se fascinassem por esses padrões, as plantas já haviam descoberto a economia dos números de Fibonacci. As folhas ou os brotos de várias plantas de estrutura espiral – como abacaxis, girassóis e alcachofras – exibem um par de números consecutivos de Fibonacci. Ao examinar um abacaxi, você encontrará 8 fileiras desenhando espirais em uma direção e 13 na outra direção. No reino animal, uma abelha tem um número de Fibonacci de ancestrais em cada geração.

TEORIAS RELACIONADAS
TEORIA DOS NÚMEROS
p. 30
A RAZÃO ÁUREA
p. 98

BIOGRAFIA EM 3 SEG
LEONARDO PISANO (FIBONACCI)
c. 1770-c. 1250

TEXTO DE 30 SEG
Jamie Pommersheim

Os números de Fibonacci aparecem na árvore genealógica de uma abelha. Cada macho tem apenas um genitor feminino, ao passo que cada fêmea tem dois, um masculino e um feminino.

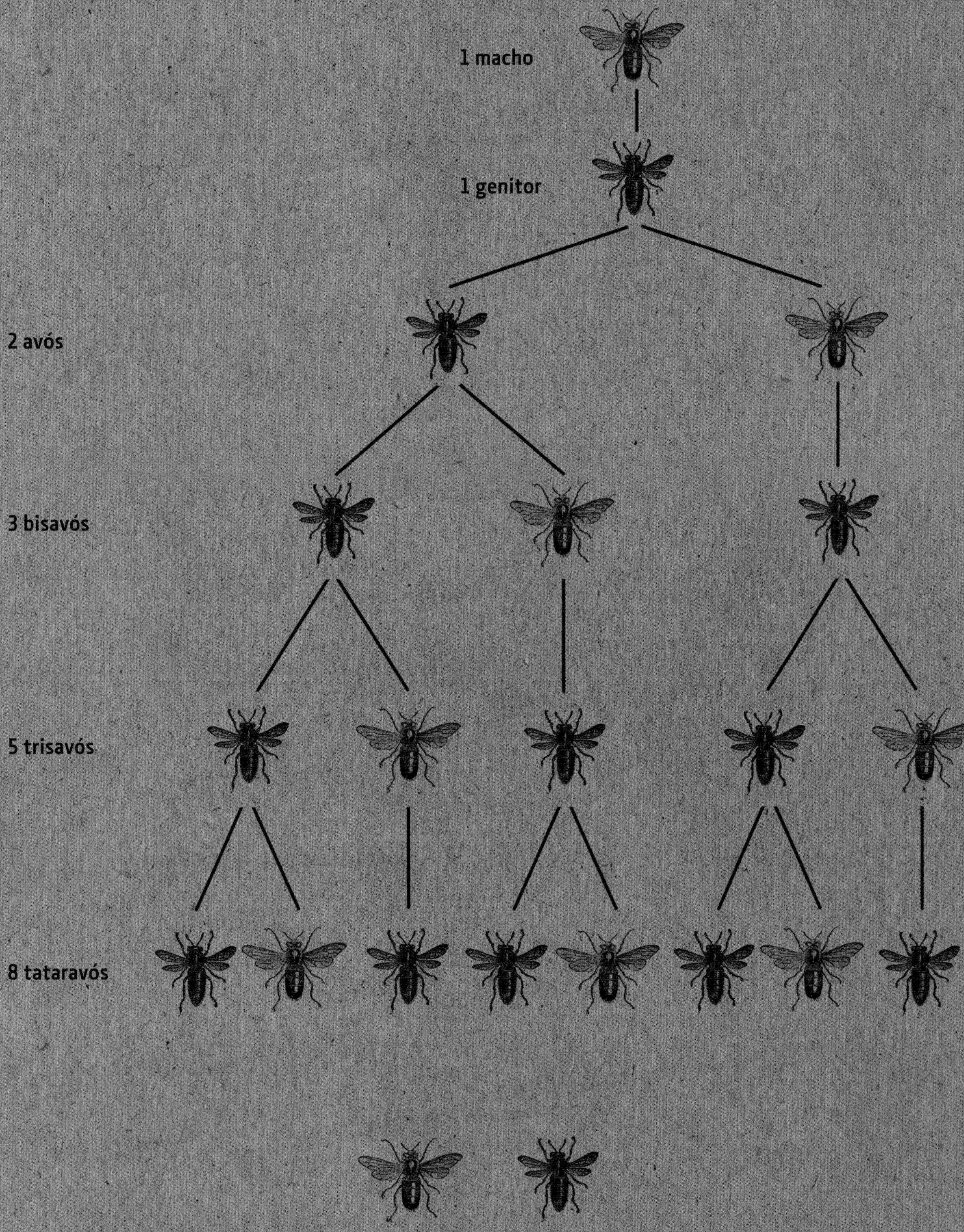
1 macho
1 genitor
2 avós
3 bisavós
5 trisavós
8 tataravós
macho
fêmea

O TRIÂNGULO DE PASCAL

SOMA EM 3 SEG

O célebre triângulo de Blaise Pascal não apenas contém muitos padrões numéricos fascinantes, mas também é uma ferramenta essencial na álgebra.

ADIÇÃO EM 3 MIN

O triângulo de Pascal contém muitos padrões fascinantes. A primeira diagonal é uma fileira de números 1, e a segunda segue a contagem: 1, 2, 3, 4, ... A terceira compreende os números conhecidos como triangulares: 1, 3, 6, 10, 15, ... Se você quer dispor bolas na forma de um triângulo (no começo de uma partida de sinuca, por exemplo), esses são os números que funcionam. Os números de Fibonacci também estão escondidos no triângulo, assim como os totais das "diagonais rasas" sucessivas – veja se você consegue encontrá-los!

Como continua esta sequência: (1 1), (1 2 1), (1 3 3 1), (1 4 6 4 1), ...? Esse enigma é um importante problema da álgebra, conhecido como "desenvolver os parênteses". Comece com a expressão $(1 + x)$ e a multiplique por si mesma (ou seja, eleve-a ao quadrado). Isso nos dá $(1 + x)^2 = 1 + 2x + 1x^2$. Já a multiplicação de três desses parênteses resulta em $(1 + x)^3 = 1 + 3x + 3x^2 + 1x^3$. Quatro produz $(1 + x)^4 = 1 + 4x + 6x^2 + 4x^3 + 1x^4$. A dificuldade aqui não está na álgebra, mas nos números. A próxima expressão será mais ou menos assim: $(1 + x)^5 = 1 + ?x + ?x^2 + ?x^3 + ?x^4 + 1x^5$. Quais são os números que devem entrar aqui? Blaise Pascal queria uma maneira de encontrar a resposta rapidamente, e foi isso que ele achou nas fileiras de seu famoso triângulo, que começa com um número 1. Abaixo deste, há mais dois números 1. O que Pascal percebeu é que, continuando o processo, cada número surgia da soma dos dois acima dele. (Pensadores anteriores haviam chegado a conclusões similares, entre eles o pensador indiano Pingala, mais de mil anos antes.) Esse processo é bem simples: envolve apenas um pouco de adição e nada de álgebra complicada. Cada fileira fornece a resposta a um problema de desenvolvimento de parênteses. Assim, para encontrar $(1 + x)^5$, basta ler os números da sexta fileira: 1, 5, 10, 10, 5, 1.

TEORIAS RELACIONADAS

OS NÚMEROS DE FIBONACCI
p. 24
A VARIÁVEL
p. 76
EQUAÇÕES POLINOMIAIS
p. 80

BIOGRAFIAS EM 3 SEG

PINGALA
c. 200 a.C.

ABU BEKR IBN MUHAMMAD IBN AL-HUSAYN AL-KARAJI
953-1029

YANG HUI
1238-1298

BLAISE PASCAL
1623-1662

ISAAC NEWTON
1643-1727

TEXTO DE 30 SEG

Richard Elwes

O triângulo de Pascal contém numerosos padrões matemáticos e oferece uma solução elegante para alguns problemas algébricos.

1
1 1
1 2 1
1 3 3 1
1 4 6 4 1
1 5 10 10 5 1
1 6 15 20 15 6 1
1 7 21 35 35 21 7 1
1 8 28 56 70 56 28 8 1
1 9 36 84 126 126 84 36 9 1
1 10 45 120 210 252 210 120 45 10 1
1 11 55 165 330 462 462 330 165 55 11 1
1 12 66 220 495 792 924 792 495 220 66 12 1

19 de junho de 1623
Nasce em Clermont (hoje Clermont-Ferrand)

1631
Muda-se para Paris com a família

1640
Escreve o *Essai pour les coniques* [Ensaio sobre as cônicas]. Muda-se para Rouen

1642-45
Constrói a pascalina, uma calculadora mecânica

1647
Conhece Descartes e publica *Expériences nouvelles touchant le vide* [Novos experimentos sobre o vácuo]

1650
Converte-se ao jansenismo

1653
Retoma os estudos científicos

1663
Publica o *Traités de l'équilibre des liqueurs et de la pesanteur de la masse de l'air*, tratado sobre o equilíbrio dos líquidos, que explicava sua lei da pressão

1654
Corresponde-se com Fermat

1655
O método para o "triângulo de Pascal" é impresso; conhece Antoine Arthaud, destacado filósofo jansenista

1656-57
Escreve as *Lettres provinciales* [Cartas provinciais], em defesa do jansenismo

1658
Escreve um ensaio sobre as cicloides, intitulado *Histoire de la roulette, appellée autrement la trochoïde ou la cycloïde*

1658
Começa a trabalhar nos *Pensamentos*, uma reunião de anotações filosóficas e teológicas

19 de agosto de 1662
Morre em Paris

1670
Pensamentos é publicado postumamente

1779
Essai pour les coniques é publicado

BLAISE PASCAL

Sofrendo de enxaquecas crônicas, insônia e dispepsia, Pascal conviveu com a dor a maior parte de sua curta mas produtiva vida. Apesar disso, tornou-se um eminente matemático, físico, filósofo e teólogo, que trabalhou (e debateu) com as melhores mentes de seu tempo. Educado em casa e órfão de mãe desde os 6 anos de idade, foi proibido pelo pai de estudar matemática, mas o fez secretamente. Quando tinha 12 anos, seu pai abrandou-se e o jovem Pascal passou a se dedicar com ainda mais afinco, desenvolvendo uma máquina de calcular para ajudar no trabalho do pai como coletor de impostos. Chamada de pascalina, ela não foi a primeira calculadora mecânica nem representou um sucesso comercial, embora tenham sido fabricadas 50 unidades. Entretanto, seu projeto e a teoria que embasou sua concepção exerceram grande influência sobre Gottfried Leibniz.

Durante toda a vida adulta, Pascal manteve discussões regulares com o filósofo Descartes acerca da existência (ou inexistência) do vácuo. Descartes sustentava, equivocadamente, que ele não existia, o que levou Pascal a escrever seu livro sobre hidrostática, encontrando tempo também para desenvolver a ideia do "triângulo de Pascal" (pp. 26-7) e estabelecer os princípios da teoria da probabilidade na correspondência que manteve com Pierre de Fermat. Foi graças ao inveterado adepto de jogos de azar Chevalier de Méré que isso aconteceu; este solicitou a Pascal que determinasse como dividir o total apostado se dois jogadores de capacidades iguais decidissem deixar a mesa no meio do jogo. Em 1646, o pai de Pascal adoeceu e ficou sob os cuidados de irmãos jansenistas no mosteiro de Port Royal; Pascal e sua irmã Jaqueline foram profundamente influenciados por esse episódio e passaram por uma conversão religiosa. Já no fim da vida, o matemático passou boa parte do tempo procurando reconciliar a fé e a razão; o melhor exemplo de suas tentativas reside na "Aposta de Pascal", presente nos *Pensamentos*, uma reunião de considerações filosóficas que permaneceu inacabada. A aposta dizia respeito à existência de Deus e se alguém deveria apostar nela. Pascal apostou a favor de Deus, argumentando que, se Ele existe, o lugar das pessoas no céu está assegurado; e, se não existe, ninguém perdeu nada.

TEORIA DOS NÚMEROS

SOMA EM 3 SEG
A teoria dos números é a disciplina dedicada ao estudo das propriedades e do comportamento de diversas classes de números.

ADIÇÃO EM 3 MIN
Carl Friedrich Gauss afirmava que a matemática era a rainha das ciências e que a teoria dos números era a rainha da matemática. Há mais ou menos 70 anos, G. H. Hardy deu eco a esse sentimento ao deleitar-se com uma área da matemática que só é estudada por conta da surpreendente beleza das verdades ali descobertas, uma área não contaminada pela aplicação prática. Quando, mais tarde, a teoria dos números começou a exibir inesperadas aplicações na criptologia, poucos acreditaram que a rainha da matemática havia perdido algo de sua beleza.

A teoria dos números é o estudo das propriedades interessantes que os números apresentam. Por exemplo, escolha um número primo qualquer e o divida por 4. O resto dessa conta será 1 ou 3. É possível provar que, se o resto é 1, existem dois números quadrados cuja soma é igual ao número primo original. Por exemplo, a divisão de 73 por 4 dá 18, com um resto de 1. E $73 = 9 + 64 = 3^2 + 8^2$. Por outro lado, se o resto for 3, será *impossível* encontrar dois números quadrados cuja soma resulte naquele primo (tente com 7 ou 59). Mas por quê? Os matemáticos nunca ficam satisfeitos em apenas descobrir esse tipo de comportamento – eles querem provar que essas propriedades são sempre verdadeiras. Matemáticos da Grécia antiga começaram explorando as propriedades da divisibilidade dos inteiros, o que os levou a estudar os números primos e, posteriormente, os números figurados e suas inter-relações. Se um número de pedras pode ser organizado como um triângulo equilátero, um quadrado, um pentágono e assim por diante, esse número é chamado de figurado. Euclides até mesmo forneceu uma fórmula para saber quando a soma de dois quadrados quaisquer resulta em um terceiro quadrado. A reflexão a respeito de equações semelhantes conduziu Pierre de Fermat a conjecturar o que se tornou seu famoso último teorema.

TEORIAS RELACIONADAS

NÚMEROS PRIMOS
p. 22
ANÉIS E CAMPOS
p. 88
OS ELEMENTOS DE EUCLIDES
p. 94
O ÚLTIMO TEOREMA DE FERMAT
p. 136

BIOGRAFIAS EM 3 SEG
PITÁGORAS
c. 570-c. 490 a.C.

EUCLIDES
c. 325-265 a.C.

PIERRE DE FERMAT
1601-1665

CARL FRIEDRICH GAUSS
1777-1855

G. H. HARDY
1877-1947

TEXTO DE 30 SEG
David Perry

Ramo da teoria dos números, os números figurados são aqueles que podem ser expressos como um arranjo geométrico.

> Um número quadrado qualquer é a soma de dois números triangulares – aqui 5^2 é o resultado da soma $10 + 15$.

> A adição de inteiros ímpares sucessivos, começando com o 1, fornece um número quadrado: $8^2 = 64$.

COLOCANDO OS NÚMEROS PARA TRABALHAR

COLOCANDO OS NÚMEROS PARA TRABALHAR
GLOSSÁRIO

associativa Propriedade de uma operação numérica tal que, quando uma expressão contém duas ou mais ocorrências dessa operação, a ordem das operações não interfere no resultado. A multiplicação de números, por exemplo, é associativa, uma vez que $(a \times b) \times c = a \times (b \times c)$.

comutativa Propriedade de uma operação numérica tal que, quando a ordem é invertida, o resultado continua o mesmo. A multiplicação de números, por exemplo, é comutativa, uma vez que $3 \times 5 = 5 \times 3$.

coordenadas cartesianas Números que representam a posição de um ponto específico em um gráfico ou mapa, por meio de um sistema reticulado de posicionamento. As coordenadas são dadas por valores que representam, no eixo horizontal (x) e no vertical (y), a distância em relação a um ponto de referência – usualmente aquele em que os eixos se cruzam.

equação diferencial Equação que envolve uma função desconhecida e algumas de suas derivadas. As equações diferenciais são as ferramentas básicas usadas pelos cientistas para criar modelos de processos físicos e mecânicos na física e na engenharia.

expoente Número de vezes que outro número, conhecido como base, deve ser multiplicado por si mesmo. Na expressão $4^3 = 64$, o expoente é 3 e a base é 4. O expoente também é conhecido como índice ou potência.

expressão Reunião de números e/ou símbolos que, em conjunto com qualquer um dos sinais de operação – como $+$ (adição) ou $\times$ (multiplicação) –, determina um valor.

expressão algébrica Expressão matemática na qual letras e outros símbolos são usados para representar números. Também podem conter numerais arábicos e qualquer um dos sinais de operação, como $+$ (adição), $\times$ (multiplicação), $\sqrt{}$ (raiz quadrada) etc.

função Quando aplicada a uma quantidade, denominada argumento, a execução de uma função resulta em outra quantidade, conhecida como valor. Uma função é geralmente escrita como $f(x)$. Por exemplo, $f(x) = x^2$ é uma função na qual, para todo argumento x, você obtém um valor x^2, de modo que $f(5) = 25$, $f(9) = 81$ e assim por diante. Cada argumento com seu respectivo valor forma um par, e a reunião desses pares pode ser pensada como um único conjunto, de modo que a função passe a relacionar cada elemento do conjunto de argumentos a outro do conjunto de valores.

lógica booliana (álgebra booliana) Forma de álgebra em que proposições lógicas são representadas por equações algébricas nas quais a "multiplicação", a "adição" e os negativos são colocados no lugar de "e", "ou" e "não", e onde os números 0 e 1 representam, respectivamente, "falso" e "verdadeiro". A álgebra booliana desempenhou (e ainda desempenha) um papel importante no desenvolvimento da programação de computadores.

mecânica quântica Ramo da física que estuda o comportamento das partículas elementares. Ao lado da física relativística, revolucionou nossa maneira de compreender o universo, ao propor esquemas conceituais e matemáticos absolutamente novos.

monadologia Filosofia metafísica de Gottfried Leibniz, tal como expressa em sua obra *A monadologia* (1714). Essa filosofia se articula em torno do conceito de mônada, substâncias simples que Leibniz chamava de "os elementos das coisas", cada uma delas programada para se comportar de determinada maneira.

multiplicador Quantidade pela qual um número, conhecido como o multiplicando, deve ser multiplicado. Na expressão $3 \times 9 = 27$, o multiplicador é 3 e o multiplicando é 9.

número real Qualquer número que expressa uma quantidade ao longo de uma reta numérica ou contínuo. Os números reais compreendem todos os números racionais (isto é, números que podem ser expressos como uma razão ou fração, inclusive os inteiros positivos e negativos e os números decimais) e os números irracionais, ou seja, aqueles que não podem ser escritos como uma fração vulgar (tais como $\sqrt{2}$), inclusive os números transcendentais (como π).

reta numérica Representação visual de todos os números reais em uma escala horizontal, com os valores negativos se estendendo indefinidamente para a esquerda e os positivos para a direita, divididos pelo zero. A maioria das retas numéricas costuma exibir os inteiros positivos e negativos separados por espaços iguais. Também chamada de contínuo.

variável Símbolo que pode ser substituído por diferentes valores. As variáveis costumam ser expressas por letras como x ou y e são muitas vezes usadas como caracteres-curinga em expressões e equações como $3x = 6$, na qual 3 é o coeficiente, x é a variável e 6 é a constante.

ZERO

O zero era empregado como caractere-curinga em sistemas numéricos de vários povos antigos, entre eles os babilônios, os gregos (mas apenas pelos astrônomos!) e os maias. Também era usado dessa forma na Índia, de onde se originou o nosso sistema moderno de numerais. Em 628 d.C., Brahmagupta escreveu o primeiro livro que trata o zero como um número e não como um mero caractere-curinga, fornecendo regras para uma aritmética que faz uso dele e dos números negativos. O sistema indiano de numerais foi apresentado ao mundo islâmico em 820, por al-Khwarizmi, e à Europa em 1202, por Fibonacci, que popularizou o uso do zero na obra *Liber abaci*. O zero é o único número real nem positivo nem negativo, e qualquer número diferente de zero é chamado de "não nulo". O zero constitui a identidade aditiva, ou seja, $a + 0 = a$, onde a é um número real qualquer que, somado a zero, não se altera. Além disso, $a \times 0 = 0$, e ${}^{0}\!/_{a} = 0$ para um a não nulo. Embora se possa pensar que um número real dividido por zero é igual ao infinito, em rigor isso não faz sentido, portanto os matemáticos apenas dizem que a divisão por zero é indefinida. Na medida em que é divisível por 2, 0 é um número par. Entretanto, se o expoente é 0, o resultado é sempre 1, por exemplo, $a^0 = 1$ para um número real a qualquer diferente de 0. Alguns matemáticos preferem contar começando do 0, em vez do 1.

SOMA EM 3 SEG
Zero, que tem como símbolo 0, é a ausência de quantidade. Alguns de seus sinônimos são: nada, nulo, cifra e ninharia.

ADIÇÃO EM 3 MIN
Na lógica booliana, 0 denota o falso, e em equipamentos elétricos é a notação abreviada para desligado. Na física, o zero absoluto é a temperatura mínima teórica. "Abaixo de zero" significa números ou quantidades negativas. "Zerar" um dispositivo é o mesmo que ajustá-lo para o valor zero. E um "zero" é muitas vezes usado para indicar uma pessoa ou coisa insignificante – o que não é exato, pois o zero é muito importante e um dos mais versáteis de nossos números reais!

TEORIAS RELACIONADAS

BASES DE CONTAGEM
p. 20
INFINITO
p. 38
ADIÇÃO E SUBTRAÇÃO
p. 40
MULTIPLICAÇÃO E DIVISÃO
p. 42
EXPONENCIAIS
E LOGARITMOS
p. 44

BIOGRAFIAS EM 3 SEG

BRAHMAGUPTA
598-c. 670

ABU 'ABDALLAH MUHAMMAD IBN MUSA AL-KHWARIZMI
c. 770-c. 850

LEONARDO FIBONACCI
c. 1170-c. 1250

TEXTO DE 30 SEG
Robert Fathauer

Muito barulho por nada – não temos nenhuma razão para não chamar o zero de número inteiro.

INFINITO

É fácil ver que os números naturais são infinitos (nunca terminam). Declare um número qualquer como o maior de todos e você sempre poderá acrescentar mais um. Também é verdade que há um número infinito de números entre 0 e 1, mas isso já é um pouco mais complicado. O conceito do infinito fascinou os matemáticos por milênios. O estoico grego Zenão estudou a ideia por meio de uma série de paradoxos. O mais famoso afirmava a impossibilidade de todo movimento, uma vez que, para ir do ponto A ao ponto B, é preciso passar por um número infinito de pontos intermediários, cada mudança de ponto levando uma quantidade positiva de tempo, e uma vez que a soma de um número infinito de números positivos resulta no infinito, é impossível ir para qualquer lugar em um tempo finito. Agora sabemos onde ele se equivocou (um número infinito de números positivos pode ter uma soma finita!), mas esse pensamento suscitou muita reflexão. Hoje, a ideia central por trás do cálculo diferencial e integral envolve o infinito. Taxas de mudança médias que usam uma sequência infinita de intervalos de tempo positivos cada vez menores (dizemos "infinitesimalmente pequenos") ajudam a definir a taxa de mudança instantânea. Isso funciona de maneira parecida com o velocímetro de um carro: a velocidade é a distância que você percorreu em um intervalo de tempo positivo muito pequeno. Sem o infinito, talvez não pudéssemos ir a parte alguma!

SOMA EM 3 SEG

Tudo que é bom sempre chega ao fim, mas não na matemática.

ADIÇÃO EM 3 MIN

Buzz Lightyear, o famoso herói espacial da série *Toy story*, da Pixar, proclama orgulhoso: "Ao infinito e além!". Mas, assim como o fim da reta dos números reais e o horizonte para os marinheiros intrépidos, nunca estamos mais próximos do infinito do que quando começamos, não importa a distância que viajemos. Da mesma forma, o número total de partículas subatômicas no Universo, estimado em muito menos que 10^{100} (um googol), também não está mais próximo dele do que o 1. Para ir além do infinito, primeiro seria preciso alcançá-lo. Até mesmo Zenão concordaria com isso.

TEORIAS RELACIONADAS

NÚMEROS RACIONAIS E IRRACIONAIS
p. 16
CÁLCULO
p. 50
A HIPÓTESE DO CONTÍNUO
p. 148

BIOGRAFIAS EM 3 SEG

ZENÃO DE ELEIA
c. 490-c. 430 a.C.

GEORG CANTOR
1845-1918

TEXTO DE 30 SEG

Richard Brown

Será que um dia tudo isso chegará ao fim? Para os matemáticos, não.

ADIÇÃO E SUBTRAÇÃO

Povos antigos como os egípcios e os babilônios usavam a adição e a subtração já em 2000 a.C. O sistema de numerais decimais adotado na Índia, mais bem-adaptado às operações aritméticas, tornou-se conhecido na Europa por meio do livro *Liber abaci*, de Fibonacci. Aryabhata e Brahmagupta fizeram contribuições importantes à matemática indiana nos séculos VI e VII, e os símbolos + e − apareceram impressos pela primeira vez em um livro de Johannes Widmann publicado em 1489. Na adição, os números adicionados uns aos outros são chamados de adendos, e o resultado é a soma. Quando a soma em uma coluna ultrapassa 9, "subimos" as dezenas para a coluna imediatamente à esquerda. A adição é comutativa, ou seja, $a + b = b + a$, e associativa, ou seja, $(a + b) + c = a + (b + c)$. Adicionar zero a um número tem como resultado o mesmo número, o que torna o zero a identidade aditiva, por exemplo, $a + 0 = a$. A subtração é o inverso da adição e não é nem comutativa nem associativa. Em $a - b$, por exemplo, a é o minuendo e b o subtraendo. Assim como frequentemente precisamos "subir" as dezenas quando fazemos a adição de uma coluna de números, também precisamos "emprestar" dezenas da coluna à esquerda, quando estamos subtraindo números. O símbolo ±, que se lê "mais ou menos", pode ser usado para denotar uma incerteza ou um par de valores (por exemplo, as duas raízes de uma equação quadrática).

SOMA EM 3 SEG

A adição é a combinação de dois ou mais números. A subtração consiste em tirar a diferença entre dois números.

ADIÇÃO EM 3 MIN

Uma quantidade infinita de números pode ser adicionada ou subtraída em uma série infinita. Uma série com limite finito recebe o nome de convergente. Um exemplo simples é a série $\frac{1}{2} + \frac{1}{4} + \frac{1}{8} + \frac{1}{16} + \ldots = 1$. Para visualizar isso, imagine-se caminhando até a metade de uma sala, depois caminhando até metade da distância restante ($\frac{1}{4}$ do total), depois percorrendo metade do que resta ($\frac{1}{8}$) e assim por diante. Algumas séries infinitas fornecem resultados surpreendentes. Por exemplo, $1 - \frac{1}{3} + \frac{1}{5} - \frac{1}{7} + \frac{1}{9} - \frac{1}{11} + \frac{1}{13} - \frac{1}{15} \ldots = \pi/4$.

TEORIAS RELACIONADAS

FRAÇÕES E DECIMAIS
p. 14
BASES DE CONTAGEM
p. 20
ZERO
p. 36
MULTIPLICAÇÃO E DIVISÃO
p. 42

BIOGRAFIAS EM 3 SEG

ARYABHATA
476-550

BRAHMAGUPTA
598-c. 670

LEONARDO FIBONACCI
c. 1170-c. 1250

JOHANNES WIDMANN
c. 1462-c. 1498

TEXTO DE 30 SEG

Robert Fathauer

A adição e a subtração têm sido parte da vida cotidiana desde os tempos antigos.

142+23+25+28
+256+89+458+982+65

MULTIPLICAÇÃO E DIVISÃO

A multiplicação e a divisão representavam desafios extremos para os primeiros sistemas de numerais que não empregavam uma notação posicional, como os egípcios, os gregos e os romanos. O sistema aritmético e de numerais que acabou sendo adotado na Europa foi desenvolvido na Índia, tendo passado por importantes avanços nos séculos VI e VII. Na multiplicação $a \times b = c$, a é o multiplicador, b o multiplicando e c o produto; a e b são também chamados de fatores. Entre as possíveis notações para a multiplicação de dois números a e b estão $a \times b$, $a \cdot b$, $(a)(b)$ ou simplesmente ab, forma preferida pelos matemáticos. De maneira similar à adição, a "subida" é necessária quando o produto de uma coluna de dígitos é maior que 9. Como $a \times 1 = a$, dizemos que 1 é a identidade multiplicativa. A multiplicação é comutativa, ou seja, $a \times b = b \times a$, e associativa, ou seja, $(a \times b) \times c = a \times (b \times c)$. A divisão não é nenhuma das duas. Na divisão $a \div b = c$, a é o dividendo, b o divisor e c o quociente. Os matemáticos preferem a notação a/b a $a \div b$. O algoritmo mais comum de divisão exibe o dividendo (a quantia a ser dividida), o divisor (o número pelo qual você divide) e o quociente (a resposta) em uma espécie de quadro. Para os matemáticos, a divisão de um número qualquer por zero é indefinida porque, em rigor, ela não faz sentido.

SOMA EM 3 SEG

A multiplicação é a adição reiterada de um primeiro número a si mesmo um segundo número especificado de vezes. A divisão é a determinação de quantas vezes uma quantidade está contida em outra.

ADIÇÃO EM 3 MIN

Com o uso dos logaritmos, a multiplicação e a divisão podem ser realizadas usando, respectivamente, a adição e a subtração. O que torna isso possível é o fato de que multiplicar ou dividir números expressos como potências de uma base comum é algo que pode ser feito por meio da adição ou subtração dos expoentes. Antes do advento das calculadoras de mesa e das portáteis, era comum o emprego de réguas deslizantes com eixos dotados de marcações logarítmicas para facilitar os cálculos aritméticos.

TEORIAS RELACIONADAS

FRAÇÕES E DECIMAIS
p. 14
TEORIA DOS NÚMEROS
p. 30
ADIÇÃO E SUBTRAÇÃO
p. 40
EXPONENCIAIS
E LOGARITMOS
p. 44

BIOGRAFIAS EM 3 SEG

ARYABHATA
476-550

BRAHMAGUPTA
598-c. 670

LEONARDO FIBONACCI
c. 1170-c. 1250

TEXTO DE 30 SEG

Robert Fathauer

A multiplicação toma um número e o repete um segundo número de vezes. A divisão faz o oposto ao quebrar um número em porções iguais.

x	1	2	3	4	5	6	7	8	9	10
1	1	2	3	4	5	6	7	8	9	10
2	2	4	6	8	10	12	14	16	18	20
3	3	6	9	12	15	18	21	24	27	30
4	4	8	12	16	20	24	28	32	36	40
5	5	10	15	20	25	30	35	40	45	50
6	6	12	18	24	30	36	42	48	54	60
7	7	14	21	28	35	42	49	56	63	70
8	8	16	24	32	40	48	56	64	72	80
9	9	18	27	36	45	54	63	72	81	90
10	10	20	30	40	50	60	70	80	90	100

$$\begin{array}{r} 6 \\ 7\,\overline{\smash{)}\,42} \end{array}$$

EXPONENCIAIS E LOGARITMOS

SOMA EM 3 SEG
A exponenciação é uma notação abreviada para a multiplicação reiterada. Os logaritmos estão para a exponenciação assim como a divisão está para a multiplicação – uma forma matemática de desfazê-la.

ADIÇÃO EM 3 MIN
O matemático John Napier foi o primeiro a usar o termo logaritmo para indicar o inverso da exponenciação e, no século XVI, produziu tabelas de valores para calcular logaritmos. Você provavelmente já viu botões em sua calculadora para o $\log_{10}(x)$ (o logaritmo de base 10) e o $\ln(x)$, que recebe o nome de "logaritmo natural". A base desse logaritmo é um número entre 2 e 3 chamado e, um número especial, como π, frequentemente visto em fórmulas da física, da biologia e da economia.

Se, toda semana, eu adicionar R$ 1 a um cofrinho e registrar a quantia economizada, obterei o gráfico de uma quantia que cresce linearmente (isto é, a uma taxa constante). Se, toda semana, adicionar R$ 1 a uma conta bancária remunerada por juros, a quantia crescerá exponencialmente (ou seja, a uma taxa que cresce com a própria quantia, uma vez que começamos a gerar juros sobre juros anteriores, criando um efeito bola de neve). Um banco generoso poderia me oferecer uma taxa de juros de 100%, de modo que eu ganharia R$ 1 de juros sobre o R$ 1 original que investi, dando-me R$ 2 depois de um ano. Se eu nunca acrescentasse dinheiro, mas apenas deixasse essa quantia para continuar ganhando juros, ela dobraria todo ano, resultando R$ 8 depois de três anos, pois $2 \times 2 \times 2 = 2^3 = 8$. Após quatro anos, eu teria R$ 16, e assim por diante. Na expressão $2^3 = 8$, chamamos de base o multiplicador constante 2, enquanto o expoente 3 é o número de vezes que multiplicamos a base por si mesma. É natural que se queira reverter esse cálculo. O que dizer do caso em que conheço a taxa de juros, mas quero saber em quantos anos R$ 1 se tornará R$ 8? A exponenciação é revertida por um logaritmo, e escrevemos $\log_2 8 = 3$. Em geral, a função $\log_2 x$ indica a que expoente devo elevar o 2 para obter x. No exemplo do banco, com o dinheiro dobrando todo ano, informa quantos anos levará para eu ganhar R$ x.

TEORIAS RELACIONADAS
NÚMEROS RACIONAIS E IRRACIONAIS
p. 16
MULTIPLICAÇÃO E DIVISÃO
p. 42
FUNÇÕES
p. 46

BIOGRAFIAS EM 3 SEG
JOHN NAPIER
1550-1617
LEONHARD EULER
1707-1783

TEXTO DE 30 SEG
David Perry

Enquanto o crescimento logarítmico vai diminuindo drasticamente, o exponencial é explosivo.

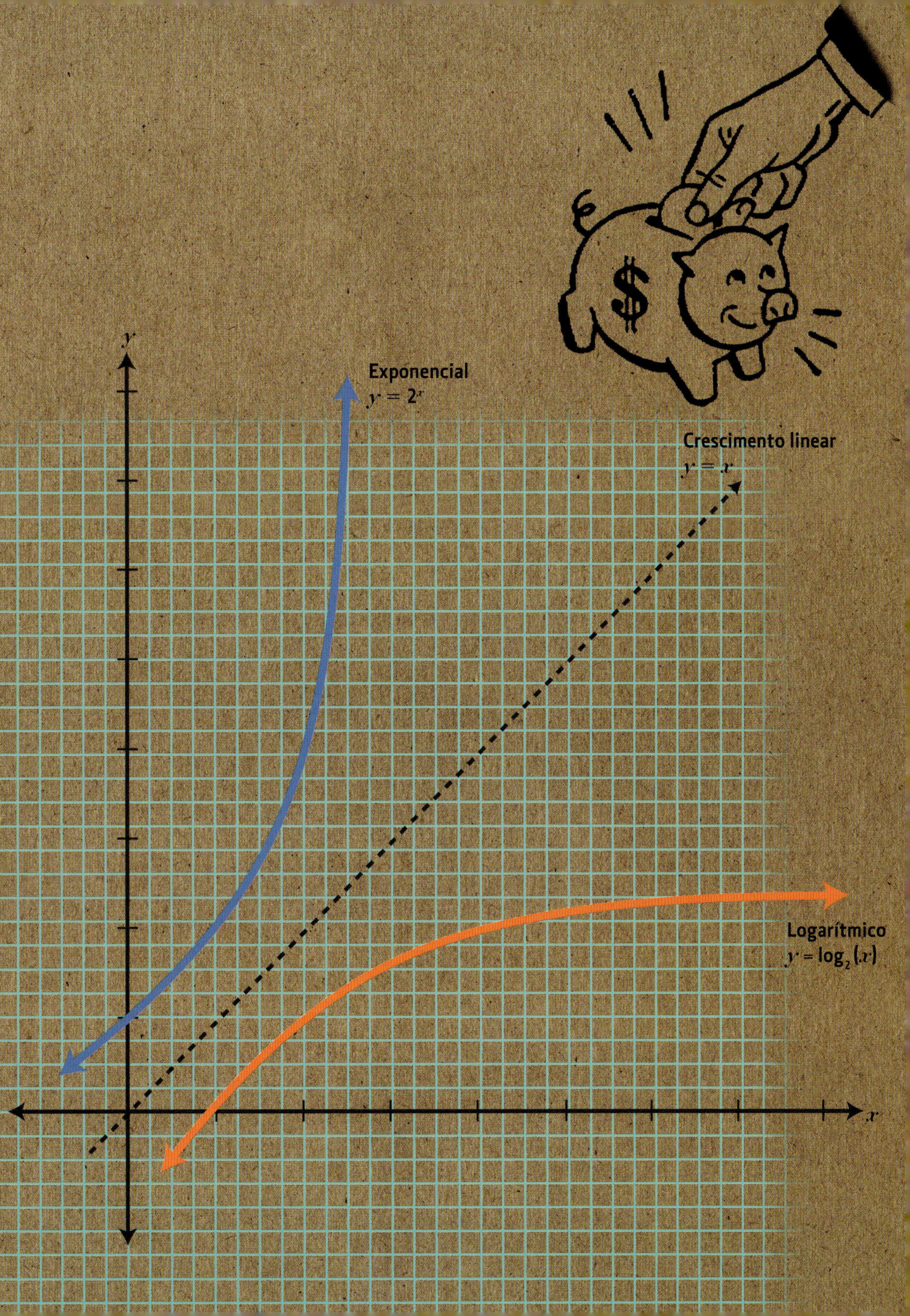

Exponencial
$y = 2^x$
Crescimento linear
$y = x$
Logarítmico
$y = \log_2(x)$
y
x

FUNÇÕES

SOMA EM 3 SEG
Uma função matemática é uma relação que associa cada elemento de um conjunto a um elemento de outro conjunto.

ADIÇÃO EM 3 MIN
O conceito de função é amplamente empregado nas ciências físicas e na engenharia, caso em que a função e seus argumentos usualmente correspondem a quantidades físicas mensuráveis como a temperatura, o volume e a atração gravitacional. As funções também são comumente usadas na economia e nos negócios, nos quais as variáveis podem ser a demanda, o tempo, os juros, o lucro e assim por diante. De fato, o estudo das relações funcionais entre dois ou mais valores é central para a compreensão dos processos matemáticos da natureza e dos negócios. Também funciona para compreender as pessoas, não?

É possível encontrar exemplos de funções em registros históricos muito antigos, mas o conceito moderno de função matemática surgiu bem mais tarde. Em sua forma mais básica, trata-se de uma relação que gera um valor de saída único para cada valor de entrada. O símbolo $f(x)$ denota uma função da variável x. Em $f(x) = x^2$, por exemplo, o valor de entrada 3 gera o valor de saída 9 (3^2). No século XIV, o trabalho de Nicole d'Oresme continha ideias sobre variáveis dependentes e independentes. Galileu construiu fórmulas que coordenavam os pontos de um conjunto aos de outro, e Descartes introduziu o conceito de construção de uma curva a partir de uma expressão algébrica. O termo "função" foi cunhado por Leibniz no fim do século XVII. O conjunto de todos os valores de entrada de uma função é chamado de domínio, ao passo que o conjunto de todos os valores de saída é chamado de imagem ou contradomínio. Funções de uma única variável (ou argumento) frequentemente têm seus gráficos feitos com o uso de coordenadas cartesianas, onde x é a abscissa (eixo horizontal) e $f(x)$ é a ordenada (eixo vertical). Por exemplo, para $f(x) = 2x + 3$, um gráfico de $f(x)$ exibiria uma linha composta de todos os pares ordenados (x,y) que satisfazem a equação. Entre esses pares estão (1,5), uma vez que $5 = 2 \times 1 + 3$ e (2,7) já que $7 = 2 \times 2 + 3$. Funções de duas variáveis podem virar gráficos com o valor $f(x,y)$ em um eixo vertical e os valores x–y no plano horizontal.

TEORIAS RELACIONADAS

EXPONENCIAIS E LOGARITMOS
p. 44
EQUAÇÕES
p. 78
TRIGONOMETRIA
p. 102
GRÁFICOS
p. 108

BIOGRAFIAS EM 3 SEG

NICOLE D'ORESME
c. 1320-1382

RENÉ DESCARTES
1596-1650

GOTTFRIED LEIBNIZ
1646-1716

TEXTO DE 30 SEG
Robert Fathauer

Quando um valor qualquer de x é inserido na equação $-1{,}7x^3 - 5x^2 - 0{,}3x + 1$, o resultado obtido pode ser traçado em um gráfico, fornecendo uma representação visual da função.

> *Este traçado mostra o valor de $f(x)$ para valores de x entre –2 e aproximadamente 1,2. Por exemplo, em $x = 1$ o resultado é –6. Dessa forma, um dos pontos que constitui a curva é descrito pelas coordenadas (1,–6).*

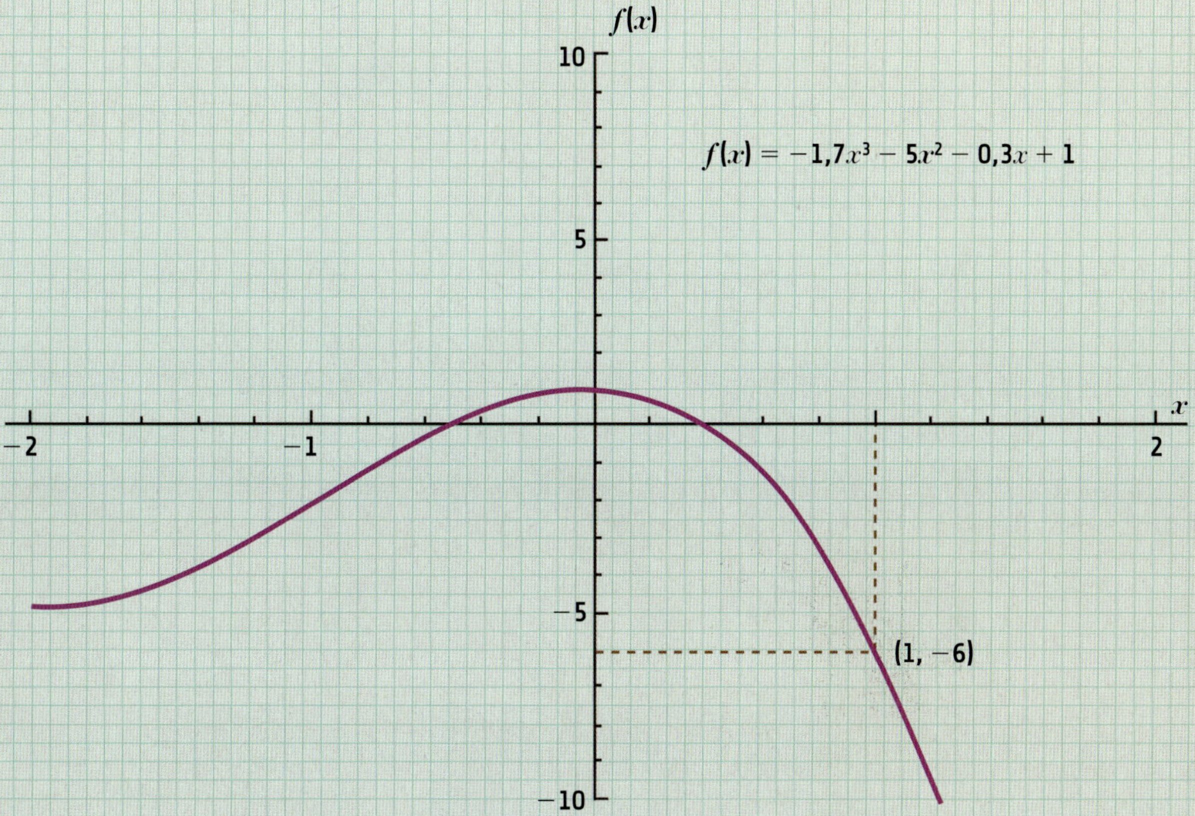

1º de julho de 1646
Nasce em Leipzig

1662
Completa o bacharelado em filosofia na Universidade de Leipzig

1664
Recebe o grau de mestre em filosofia

1665
Recebe o grau de bacharel em direito

1673
É eleito membro da Sociedade Real e nomeado conselheiro do duque de Brunswick

novembro de 1675
Realiza descobertas acerca do cálculo infinitesimal

1677
É nomeado conselheiro especial de justiça da Casa de Brunswick

1684
Publica suas anotações sobre o cálculo

1686
Publica o *Discurso de metafísica*

1710
Publica os *Ensaios de teodiceia sobre a bondade de Deus*

1711
É acusado de plágio

1712-14
Escreve a *Monadologia*

14 de novembro de 1716
Morre em Hannover

GOTTFRIED LEIBNIZ

Talentoso polímata do fim do século XVII e início do XVIII, Leibniz foi vítima da maldição dos pioneiros. Isso pode explicar a abrangência da aplicação de seu trabalho intelectual, que consiste em grande parte de pequenos tratados, anotações, artigos em jornais eruditos e correspondências. Muitas de suas ideias prenunciaram as teorias e o pensamento modernos em campos como física, tecnologia, biologia, medicina, geologia, psicologia, linguística, política, direito, teologia, história, filosofia e matemática. Leibniz aperfeiçoou a máquina de calcular de Pascal (antecipando o trabalho de Babbage e Lovelace), desenvolveu a teoria binária que está na base da tecnologia digital moderna, assim como o que hoje conhecemos como álgebra booliana e lógica simbólica, além de delinear o conceito de *feedback* que inspirou Norbert Wiener.

Filho de um professor universitário, o prodigioso Leibniz já era fluente em latim aos 12 anos de idade e recebeu seu primeiro diploma aos 16. Graduado em matemática, filosofia e direito, mais tarde afastou-se da universidade e passou a maior parte da vida trabalhando sob os auspícios da Casa de Brunswick. Também residiu e trabalhou em Leipzig, Paris, Londres, Viena e Hannover, reunindo-se e correspondendo-se com os cientistas e filósofos de maior destaque na época. Talvez sua teoria filosófica mais conhecida seja a monadologia (as mônadas seriam a menor unidade indivisível do pensamento filosófico). Entretanto, de forma triste para uma potência intelectual como Leibniz, uma virulenta controvérsia o impediu de receber no momento da morte o reconhecimento que merecia e, a despeito de suas conexões com a realeza e com a intelectualidade, seu túmulo ficou sem lápide por 50 anos. Essa controvérsia, que envolvia Leibniz e Newton na disputa pela invenção do cálculo diferencial e integral, surgiu em 1711 e não desapareceu desde então. Leibniz conhecia Newton e havia estado em Londres à mesma época em que Newton estava desenvolvendo o cálculo; quando Leibniz expôs sua própria versão, a maioria dos matemáticos tomou o partido de Newton, e Leibniz foi equivocadamente desacreditado, uma vez que ambos desenvolveram separadamente o cálculo.

CÁLCULO

Muitos ramos da ciência estudam objetos que se movimentam e mudam com o passar do tempo. À medida que uma bola rola morro abaixo, por exemplo, sua posição se altera. A taxa de mudança de posição é a velocidade. É claro, porém, que esta também pode mudar. A taxa de mudança da velocidade é chamada aceleração. Assim, surge a pergunta: a partir de uma fórmula matemática que descreve a posição da bola, é possível calcular sua velocidade e sua aceleração? O problema geométrico consiste em começar com uma linha curva no plano e determinar sua inclinação em um ponto qualquer. Se a curva é o gráfico da posição de uma bola no tempo, então sua inclinação representa a velocidade da bola. Isso já havia sido compreendido desde a época de Arquimedes, mas apenas se conheciam métodos aproximados para calcular a tão importante inclinação da curva. No fim do século XVII, Isaac Newton e Gottfried Leibniz desenvolveram separadamente o cálculo, um magnífico conjunto de regras para descrever a inclinação de gráficos e ideias relacionadas. O tópico tem duas vertentes. Começando com uma curva, o cálculo diferencial informará sua inclinação, ao passo que o cálculo integral descreve a área abaixo da curva. De forma inesperada, esses são procedimentos opostos, um fato conhecido como o teorema fundamental do cálculo.

SOMA EM 3 SEG
O cálculo é um ramo da matemática que descreve como sistemas e outras construções matemáticas evoluem no tempo (ou segundo algum outro parâmetro).

ADIÇÃO EM 3 MIN
A descoberta do cálculo por Newton e Leibniz é um dos momentos mais importantes da história da matemática. Da criação de modelos climáticos e econômicos à mecânica quântica e à teoria da relatividade, uma enorme quantidade de aplicações da matemática ao mundo físico é expressa com o auxílio de "equações diferenciais" e estudada por meio do cálculo. Resolver esse gênero de equações é, portanto, um dos maiores desafios técnicos para os cientistas e matemáticos dos dias de hoje.

TEORIAS RELACIONADAS
EQUAÇÕES
p. 78
GRÁFICOS
p. 108

BIOGRAFIAS EM 3 SEG
ARQUIMEDES
c.287-c. 212 a.C.

ISAAC NEWTON
1643-1727

GOTTFRIED LEIBNIZ
1646-1716

AUGUSTIN-LOUIS CAUCHY
1789-1857

KARL WEIERSTRASS
1815-1897

TEXTO DE 30 SEG
Richard Elwes

A partir da equação que descreve a trajetória de uma bola em movimento, o cálculo nos permite conhecer sua velocidade e sua aceleração.

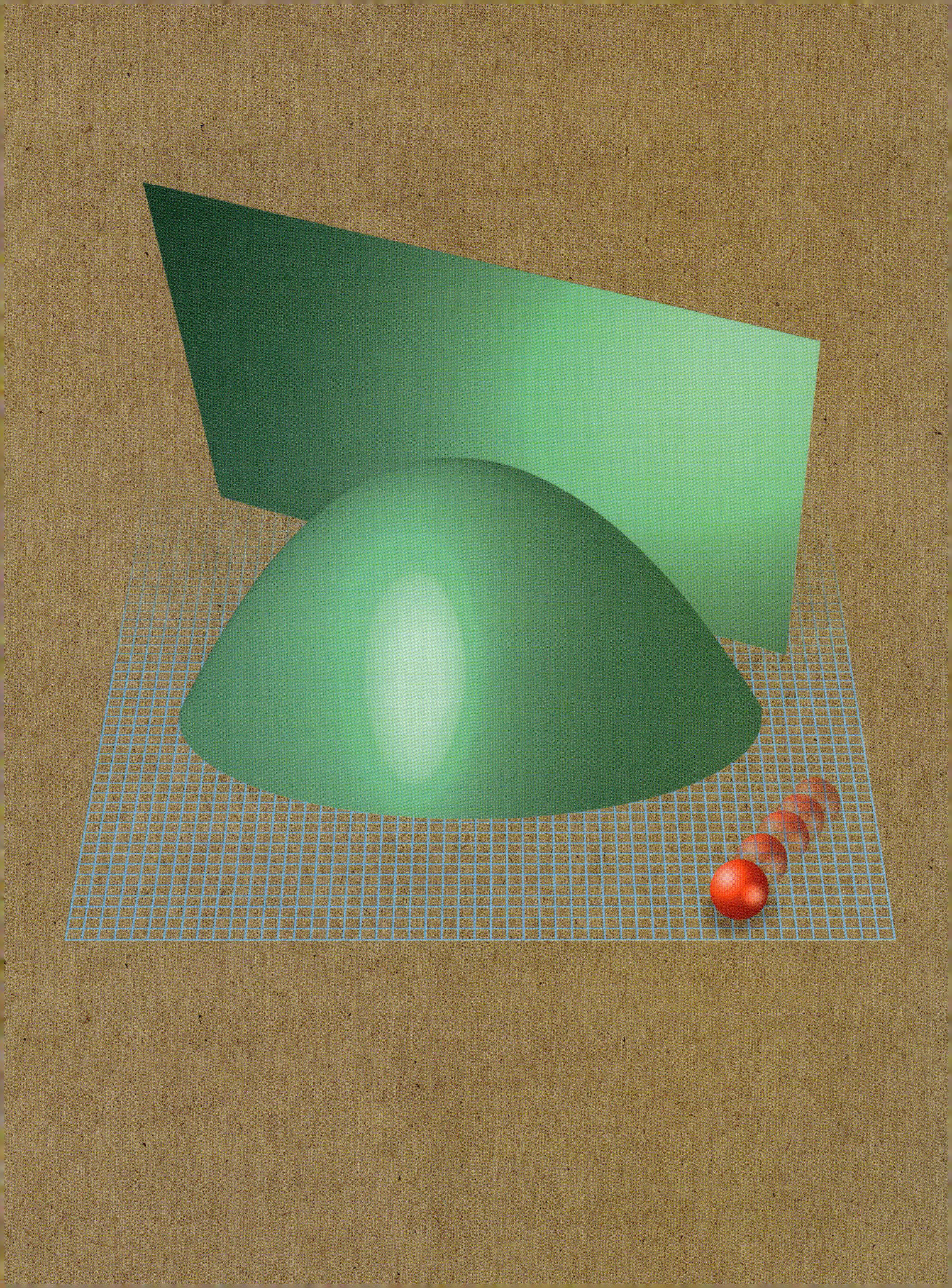

QUE FANTÁSTICO É O ACASO

QUE FANTÁSTICO É O ACASO
GLOSSÁRIO

chance Chances expressam quão provável é a ocorrência de um evento específico. O cálculo se dá medindo as situações em que o evento ocorreria contra as situações em que não ocorreria. Se a probabilidade de um evento acontecer é p, e a probabilidade de não acontecer é $1 - p$, então as "chances" a favor de acontecer são de $p/(1 - p)$. Já as "chances" contra sua ocorrência são de $(1 - p)/p$. Por exemplo, a probabilidade de tirar 4 ao jogar um dado normal é 1/6. A probabilidade de não tirar 4 é 5/6. Desse modo, as "chances" a favor de tirar um 4 são (1/6)/(5/6), ou 1/5. Expressa dessa forma usual, as chances de tirar um 4 são de 1:5 ("uma para cinco") a favor. As "chances" contra tirar um 4 são de 5:1 ("cinco para um"). Isso significa que há "cinco maneiras de perder para cada maneira de ganhar".

curva normal Nome usado na teoria da probabilidade para descrever o formato de um gráfico contínuo que representa uma distribuição normal padrão. O pico da curva representa a média, a partir da qual dois lados em declive, de mesmo formato e representando todas as variações possíveis, caem rapidamente antes de se tornarem planos. Também conhecida como "curva em forma de sino", "curva de Gauss" ou "gaussiana".

equilíbrio Na teoria dos jogos, o equilíbrio se refere ao ponto em um jogo no qual as estratégias empregadas por todos os jogadores asseguram que nenhum deles tem uma chance maior de vencer.

falso positivo Nome dado a um erro que acontece, por exemplo, em testes médicos. Falsos positivos ocorrem devido à imprecisão do procedimento de teste, o que resulta em uma leitura ou resultado positivo, quando na verdade a verdadeira leitura ou resultado deveria ser negativo. Devido à ocorrência de falsos positivos em muitos ambientes de teste, é impossível determinar com precisão a probabilidade de algo ou alguém ter resultado positivo em um teste até que haja dados suficientes para calcular a probabilidade anterior. Veja *probabilidade anterior*; *verdadeiro positivo*.

frequência Número de vezes que um evento específico ocorre durante um período determinado de tempo ou em um conjunto suficientemente grande de realizações de um experimento. Quanto maior o número de ocorrências, mais alta ou maior a frequência.

probabilidade Maneira de expressar quão provável é a ocorrência de um evento específico depois de compará-la com todas as situações possíveis. Por ser a razão entre o número de situações desejáveis e o número de situações possíveis, a probabilidade é escrita como um número entre 0 (possibilidade zero) e 1 (certeza). Por exemplo, ao retirar uma carta de um baralho completo, a probabilidade de escolher uma carta de copas é 13/52 ou 1/4. Logo, a probabilidade de escolher uma carta de copas é 0,25.

probabilidade anterior Em estatística, trata-se da probabilidade de um evento antes que novos dados ou evidências sejam testados para calcular outras probabilidades. A probabilidade anterior desempenha um papel crucial no teorema da probabilidade de Bayes.

sequência binária Na ciência da computação, uma longa série de "0" e "1" que representam, respectivamente, "desligado" e "ligado". A tarefa essencial das sequências binárias é fornecer instruções ao computador.

teorema do limite central Na teoria da probabilidade, o teorema do limite central afirma que, se uma variável aleatória, como o arremesso de um dado, é realizada um número suficiente de vezes, a média tenderá à da distribuição normal; e os resultados, se dispostos na forma de um gráfico, descreverão uma curva normal.

verdadeiro positivo Resultado positivo preciso que é dado, por exemplo, durante testes médicos. A diferença entre verdadeiros e falsos positivos está em que, enquanto um verdadeiro positivo é um resultado positivo preciso, um falso positivo é um resultado positivo impreciso que ocorre devido a uma imprecisão ou falha no procedimento de teste. Veja *falso positivo*.

TEORIA DOS JOGOS

SOMA EM 3 SEG
As estratégias usadas em jogos como o xadrez podem ser analisadas matematicamente e aparecem em um grande número de tópicos científicos.

ADIÇÃO EM 3 MIN
A teoria dos jogos foi além do estudo dos jogos e encontrou aplicações da ciência política à inteligência artificial. Mas os jogos ainda oferecem desafios. Em 2007, o professor canadense Jonathan Schaeffer e seus colegas desenvolveram um jogo de damas para computador que nunca irá perder. Embora os computadores consigam vencer os humanos no xadrez, uma estratégia perfeita como essa permanece um sonho distante, dado o enorme número de maneiras segundo as quais uma partida de xadrez pode desenrolar-se, que supera em muito o número de átomos no Universo.

As pessoas têm se divertido há milênios com jogos de estratégia, do jogo da velha e de damas ao xadrez. Alguns são mais fáceis que outros. No jogo da velha, por exemplo, é bastante fácil formular uma boa estratégia. Com um pouco de prática, você nunca vai perder. A teoria dos jogos é o estudo matemático dessas estratégias. Pense em um jogo como "pedra, papel, tesoura". Qual é a melhor estratégia para vencer aqui? Se você decide jogar tesoura com mais frequência que papel ou pedra, seu oponente pode tirar vantagem disso aumentando o número de vezes em que ele joga pedra. Contudo, a não ser que você possa encontrar um padrão no comportamento de seu oponente, a melhor estratégia de longo prazo é toda vez escolher aleatoriamente alguma das três opções. Jogando dessa forma, você vai vencer, perder e empatar com a mesma frequência. Isso é o que se conhece como "equilíbrio" do jogo, uma vez que, se ambos os jogadores estão usando essa estratégia, não há nenhuma maneira de algum deles aumentar seu número de vitórias ao mudar de tática. Um dos pontos centrais da teoria dos jogos é o célebre fato, provado por John von Neumann e expandido por John Nash, de que uma enorme variedade de jogos certamente terá equilíbrio.

TEORIAS RELACIONADAS
A LEI DOS GRANDES NÚMEROS
p. 62
A FALÁCIA DO JOGADOR – A LEI DAS MÉDIAS
p. 64
A FALÁCIA DO JOGADOR – A APOSTA DOBRADA
p. 66
O TEOREMA DE BAYES
p. 70

BIOGRAFIAS EM 3 SEG
JOHN VON NEUMANN
1903-1957

CLAUDE SHANNON
1916-2001

JOHN NASH
1928-

JOHN CONWAY
1937-

TEXTO DE 30 SEG
Richard Elwes

Será que existe uma estratégia para vencer sempre os jogos? Para "pedra, papel, tesoura", não. Para o xadrez, os matemáticos ainda estão procurando.

CÁLCULO DAS CHANCES

SOMA EM 3 SEG
Eventos mais ou menos prováveis podem ser medidos em uma escala, seja na linguagem das chances das casas de aposta ou na das probabilidades dos matemáticos.

ADIÇÃO EM 3 MIN
Casas de aposta oferecem cotações melhores (e mais dinheiro) para eventos muito improváveis. Cotações grandes significam que o evento é improvável; tenha cuidado ao apostar em um cavalo que paga 40 para 1: ninguém mais acha que ele vai ganhar. É possível, mas sua probabilidade de vencer é 1/41. Por outro lado, cotações baixas, como 2 para 3, ajudam a definir o favorito (3/5 de probabilidade de vencer). O lucro será baixo, mas ao menos você estará "jogando a favor das chances".

Se você lançar um dado, as chances de tirar um 6 são de "1 para 5". Isso significa que há seis resultados possíveis, todos igualmente prováveis, dos quais cinco são indesejáveis e um é desejável. Um matemático expressaria a mesma coisa por meio de uma fração, dizendo que a "probabilidade" de tirar um 6 é 1/6; um resultado desejável, entre seis possibilidades totais. De maneira similar, as chances de tirar um ás de espadas de um baralho são de 1 para 51, ou 1/52. Enquanto todos os resultados permanecerem igualmente prováveis (isto é, se o dado ou as cartas não estão adulterados), essas chances podem ser calculadas ao contarmos os resultados desejáveis e indesejáveis. A ciência da probabilidade atribui números aos eventos a fim de descrever sua maior ou menor possibilidade de acontecer. Esses números sempre estão entre 0 e 1 – o 0 corresponde a eventos impossíveis e o 1 a certezas. Eventos improváveis têm baixas probabilidades: se você lançar uma moeda não adulterada dez vezes, a chance de conseguir dez caras é 1/1024 (1 para 1023). Por outro lado, eventos prováveis têm altas probabilidades (e chances bastante favoráveis): se você escolher uma carta de um baralho, a chance de não tirar um ás de espadas é 51/52 (51 para 1). Uma aposta segura, não?

TEORIAS RELACIONADAS

A LEI DOS GRANDES NÚMEROS
p. 62
A FALÁCIA DO JOGADOR – A LEI DAS MÉDIAS
p. 64
ALEATORIEDADE
p. 68
O TEOREMA DE BAYES
p. 70

BIOGRAFIAS EM 3 SEG

PIERRE DE FERMAT
1601-1665

BLAISE PASCAL
1623-1662

CHRISTIAAN HUYGENS
1629-1695

ANDREY KOLMOGOROV
1903-1987

TEXTO DE 30 SEG
Richard Elwes

Quando você lança um dado, a probabilidade de tirar um número ímpar é 3/6, de modo que as chances são de 1 para 1, ou "elas por elas".

1501
Nasce em 24 de setembro em Pavia, Itália

1520
Ingressa na Universidade de Pavia

1525
Obtém o doutorado em medicina pela Universidade de Pavia; candidata-se à Faculdade de Médicos em Milão, mas é rejeitado até 1539

1526
Escreve *Liber de ludo aleae* (Sobre como jogar dados), publicado postumamente em 1663

1536
Escreve *De malo recentiorum medicorum usu libellus* (sobre medicina)

1539
Escreve *Practica arithmetice et mensurandi singularis* (sobre matemática)

1545
Escreve *Artis magnae, sive de regulis algebraicis* (também conhecido como *Ars magna*)

1545
Calcula e publica o horóscopo de Jesus Cristo

1550
Inventa a grelha de Cardano, uma ferramenta criptográfica

1570
É acusado de heresia

1570
Escreve *Opus novum de proportionibus* (sobre mecânica)

1576
Morre em 21 de setembro, em Roma

1576
A autobiografia *De vita propria* é publicada postumamente

GIROLAMO CARDANO

Médico, matemático, geólogo, cientista natural, alquimista, astrólogo, astrônomo e inventor, Cardano foi a encarnação do homem do Renascimento – apenas as artes não eram contempladas por seu gênio – e uma espécie de reflexo negro de Leonardo da Vinci, amigo da família com quem chegou a colaborar algumas vezes (ou a plagiar, segundo detratores). Ambos eram filhos ilegítimos de advogados e homens de talento excepcional. Leonardo conquistou fama e glória, mas Cardano, de personalidade desagradável e atitude excessivamente crítica, tornou-se detestado praticamente em todos os lugares que frequentou, embora fosse muito elogiado por seu intelecto.

A medicina foi sua primeira carreira; ele era um clínico excelente, consultado pelos grandes, mas cheio de desprezo pelos colegas. Sem nenhum traquejo para lidar com os pacientes, sua clínica em Sacco não prosperou, embora mais tarde viesse a ser comparado com Vesalius e se tornasse professor de medicina na Universidade de Pavia, sua *alma mater*.

Cardano passou a se dedicar à matemática, que havia estudado com o pai, e produziu dois livros, um dos quais, a *Ars magna* (1545), é um texto fundamental do Renascimento que tenta oferecer uma solução para as equações cúbicas e quárticas (pp. 80-1). Mais uma vez, ele entrou em controvérsias, pois extraíra a prova das equações cúbicas de Niccolò Tartaglia, que a havia revelado com a condição de que Cardano não a publicasse por seis anos. Porém, o matemático a publicou e foi execrado pelo colega e por muitos inimigos.

Um desastre sobreveio em 1560, quando Cardano havia retomado a carreira médica e a via florescer. Seu filho mais velho assassinou a mulher e foi julgado e condenado à morte. O falecimento do filho devastou o pai e o arruinou profissionalmente; Cardano então se mudou para Roma, sem nenhum de seus cargos de professor, e foi encarcerado por um breve período por heresia, após calcular um horóscopo para Jesus Cristo. Ao longo de toda sua controversa carreira, Cardano fora viciado em jogos de azar; ele era muito bom neles e escreveu um livro, o *Liber de ludo aleae* (Sobre como jogar dados), o primeiro a abordar a probabilidade – com base no resultado dos arremessos de dado – em termos matemáticos. Alguns puristas zombam da obra, embora seja um dos livros favoritos dos apostadores e dos donos de cassino, principalmente porque contém um capítulo muito bom sobre como trapacear. Após uma vida longa e prolífica, embora caótica, Cardano morreu em 21 de setembro de 1576. Dizem que previu até mesmo a hora de sua morte – e também que se suicidou no horário que havia determinado, para que não pudesse ser desmentido.

A LEI DOS GRANDES NÚMEROS

Tome qualquer experimento com resultados imprevisíveis – como arremessar uma bola na cesta de basquete ou lançar uma moeda – que pode ser repetido quantas vezes você quiser, nas mesmas condições. A probabilidade de tirar dez caras em sequência é pequena, mas possível. Se você lançar essa moeda para sempre, eventos improváveis como esse vão ocorrer de tempos em tempos. A longo prazo, porém, a porcentagem de ocorrência de caras – por exemplo – vai se aproximar de sua probabilidade de ocorrência. Essa é a lei dos grandes números: o princípio de que, a longo prazo, a probabilidade de um evento ocorrer determina a frequência de sua ocorrência em um caso concreto. A lei dos grandes números não está restrita apenas a eventos imprevisíveis. Digamos que você queira saber a altura média de uma mulher que vive na Grã-Bretanha. No estudo de grandes populações, quanto maior o tamanho da amostra, tanto melhor a média da amostra representa a média da população. A precisão com que a média pode ser estimada aumenta proporcionalmente à raiz quadrada do tamanho da amostra. E para uma boa estimativa, você precisa de uma amostra maior quando o que está medindo tem uma variabilidade mais alta. Mas essa lei nos assegura que, com uma quantidade suficiente de dados, sempre podemos obter uma estimativa tão boa quanto a de que precisamos.

SOMA EM 3 SEG

Dado um número suficiente de tentativas, a frequência de um evento fortuito ficará bem próxima da probabilidade de sua ocorrência.

ADIÇÃO EM 3 MIN

O primeiro passo importante para demonstrar uma relação entre probabilidade e frequência foi dado por Jacob Bernoulli em *Ars conjectandi*, obra publicada em 1713, oito anos após a sua morte. Esse trabalho foi reforçado por Irénée-Jules Bienaymé e Pafnuty Chebychev 150 anos mais tarde, e a cereja do bolo, que permitia uma confiança completa em que as estimativas em algum momento seriam tão boas quanto gostaríamos que fossem, veio com Émile Borel em 1909.

TEORIA RELACIONADA

A FALÁCIA DO JOGADOR – A LEI DAS MÉDIAS
p. 64

BIOGRAFIAS EM 3 SEG

JACOB BERNOULLI
1654-1705

IRÉNÉE-JULES BIENAYMÉ
1796-1878

PAFNUTY CHEBYCHEV
1821-1894

ÉMILE BOREL
1871-1956

TEXTO DE 30 SEG

John Haigh

Qual é a chance de acertar três de dez arremessos em certo período de tempo? A longo prazo, ela tenderá a um valor constante.

A FALÁCIA DO JOGADOR – A LEI DAS MÉDIAS

SOMA EM 3 SEG
Em jogos de azar, utilizar o desempenho anterior para apostar no comportamento futuro é definitivamente uma estratégia perdedora.

ADIÇÃO EM 3 MIN
Moedas, dados e roletas, todos exibem resultados que são igualmente prováveis a cada tentativa. E nem por isso eventos improváveis deixam de acontecer: dez caras em sequência, 12 lançamentos consecutivos de um "7", nenhum número acima do "30" em 20 giros e assim por diante. Existem tantas coisas "raras" que podem acontecer que algumas delas têm que acontecer ("eventos raros acontecem bastante!"). Mas elas não podem, de forma alguma, ter efeito sobre o desempenho futuro ou influenciar nossas previsões a respeito dele.

Quando uma série de dez lançamentos de moeda dá apenas cara, é tentador argumentar que coroa será o resultado mais provável na próxima vez. Algumas pessoas podem dizer: "De acordo com a lei das médias, caras e coroas são igualmente prováveis, então coroa tem que começar a se recuperar". Bobagem: com uma moeda que não foi adulterada, pouco importa quais tenham sido os resultados anteriores, as chances de cara ou coroa na próxima vez continuam fixadas em 50% cara, 50% coroa. Algo similar se passa com a roleta e com as loterias: o fato de que o 0 não saiu em 100 giros não aumenta a chance de ele aparecer na próxima vez. Na Itália, o número 53 não apareceu nos sorteios da loteria por mais de dois anos, o que aparentemente resultou em numerosas falências e suicídios. Moedas, roletas e bolas de loteria são objetos inanimados que não possuem a capacidade de lembrar-se de resultados anteriores e ajustar sua frequência. Mais cedo ou mais tarde, porém, as frequências retornam para suas diferentes probabilidades – mas isso pode levar um bom tempo! Qualquer "lei das médias" genuína é estritamente uma paráfrase da lei dos grandes números e não pode ser usada para afirmar que os resultados passados influenciarão o futuro imediato.

TEORIAS RELACIONADAS
A LEI DOS GRANDES NÚMEROS
p. 62
A FALÁCIA DO JOGADOR – A APOSTA DOBRADA
p. 66

BIOGRAFIA EM 3 SEG
GIROLAMO CARDANO
1501-1576

TEXTO DE 30 SEG
John Haigh

Cada vez que você lança uma moeda, as chances de tirar cara ou coroa continuam as mesmas – mesmo que você tire várias caras em sequência.

GEORGE WASHINGTON
1st PRESIDENT
UNITED STATES OF AMERICA
$1

A FALÁCIA DO JOGADOR – APOSTA DOBRADA

Uma roleta europeia tem 37 casas, que compreendem 18 vermelhas, 18 pretas e uma verde (0). Apostas no vermelho ou no preto pagam o mesmo valor apostado. Um jogador decide sempre apostar no vermelho e dobrar a aposta depois de perder. Uma vez que a chance de sair vermelho é não nula em qualquer giro, é inevitável que o vermelho venha a ocorrer em algum momento; talvez o primeiro vermelho ocorra na quarta tentativa: ele assim tem perdas de tamanho 1, 2 e 4 (um total de 7), e um lucro de 8, resultando em um lucro total de 1 unidade. Esse lucro de 1 unidade sempre surge, não importa quanto demore para aparecer o primeiro vermelho. O jogador argumenta que ele nunca deixa de ganhar 1 unidade toda vez que o vermelho aparece. Infelizmente para o jogador, isso é falso. Todos os cassinos impõem um limite máximo para as apostas, normalmente em torno de 100 vezes a aposta mínima. Desse modo, depois de sete perdas de tamanho 1, 2, 4, 8, 16, 32, 64 (total de 127), as regras do cassino impedem uma aposta no valor exigido de 128 unidades, mesmo que o jogador possua o capital necessário para fazê-la! O jogador pode usar esse sistema e ganhar 1 unidade várias vezes, mas é inevitável que, em algum momento, o tamanho de aposta que seu sistema exige não seja permitido, fazendo com que suas perdas eliminem seus ganhos.

SOMA EM 3 SEG

Na roleta, dobrar a quantia apostada após cada perda em apostas no esquema vermelho/preto não é uma estratégia vencedora.

ADIÇÃO EM 3 MIN

Roletas americanas têm um "zero duplo" adicional, mas isso não altera os prêmios oferecidos às apostas. De qualquer modo, a vantagem do cassino em qualquer aposta é pequena, mas real. Não existe uma forma de combinar diferentes apostas em um giro, ou combinar apostas em giros distintos, a fim de neutralizar essa vantagem. Se a roleta não está viciada – ou seja, se todos os resultados são sempre aleatórios – e é imposto um valor máximo de aposta, mais cedo ou mais tarde o jogador vai perder.

TEORIAS RELACIONADAS

A LEI DOS GRANDES NÚMEROS
p. 62
A FALÁCIA DO JOGADOR – A LEI DAS MÉDIAS
p. 64

BIOGRAFIA EM 3 SEG

GIROLAMO CARDANO
1501-1576

TEXTO DE 30 SEG

John Haigh

Não aposte em dobrar suas apostas – é um jogo destinado ao fracasso.

ALEATORIEDADE

Imagine duas longas sequências de caras (A) e coroas (O), cada uma começando com AAOAOA... Uma delas é verdadeiramente aleatória, o resultado de lançamentos repetidos de uma moeda não adulterada; a outra é cuidadosamente escolhida por um ser humano. Existe alguma forma de dizer qual é qual? Um teste simples nos mostra que, a longo prazo, caras e coroas devem aparecer com frequências iguais em uma sequência aleatória. Mas apenas isso não basta. Também é preciso que todo par de resultados (AA, AO, OA e OO) apareça, em média, com a mesma frequência que todo outro par. O mesmo é verdadeiro para cada trinca, quadra ou sequência mais longa. Mas tudo isso também não basta, pois ainda é possível satisfazer essas condições de forma artificial. Considere agora uma das sequências mais simples, como AAAAAA... Ela é obviamente não aleatória. Mas não é só isso: ela pode ser facilmente comprimida. A frase "um milhão de caras" descreve essa sequência de forma sucinta, e qualquer um pode usá-la para se comunicar e recriar a sequência com máxima precisão. Sequências verdadeiramente aleatórias não podem, de forma alguma, ser comprimidas. A única maneira de comunicar uma sequência aleatória a outra pessoa é escrevê-la inteira. Trata-se de uma descoberta profunda e recente o fato de que a aleatoriedade e a incompressibilidade são essencialmente a mesma coisa.

SOMA EM 3 SEG

A aleatoriedade é fundamental para a ciência, mas muito difícil de ser detectada matematicamente.

ADIÇÃO EM 3 MIN

A internet funciona com sequências binárias: longas cadeias de 0 e 1 que os computadores podem traduzir em todos os programas e arquivos que desejamos usar. A fim de obter máxima eficiência, essas cadeias devem ser comprimidas o máximo possível por meio de *softwares* que comprimem os arquivos. Uma vez que a compressão se dá pela retirada de padrões previsíveis ou repetitivos, depois desse processo a cadeia fica indiscernível de uma sequência puramente aleatória. Portanto, informações perfeitamente comprimidas são matematicamente idênticas à aleatoriedade.

TEORIAS RELACIONADAS

A LEI DOS GRANDES NÚMEROS
p. 62
O TEOREMA DE BAYES
p. 70
ALGORITMOS
p. 84
O TEOREMA DA INCOMPLETUDE DE GÖDEL
p. 144

BIOGRAFIAS EM 3 SEG

ÉMILE BOREL
1871-1956

ANDREY KOLMOGOROV
1903-1987

RAY SOLOMONOFF
1926-2009

GREGORY CHAITIN
1947-

LEONID LEVIN
1948-

TEXTO DE 30 SEG

Richard Elwes

Que sequência é aleatória? Até mesmo os matemáticos têm dificuldade em dizê-lo.

O TEOREMA DE BAYES

SOMA EM 3 SEG
O teorema de Bayes ajuda a encontrar a probabilidade de um evento quando estão dadas todas as evidências, mas apenas se você conhece a probabilidade anterior do evento.

ADIÇÃO EM 3 MIN
O nome do teorema de Bayes se inspirou em Thomas Bayes, um reverendo presbiteriano que viveu na Inglaterra no século XVIII. Seu trabalho sobre o assunto não foi publicado até vários anos depois de sua morte. O teorema de Bayes levanta questões filosóficas sobre a própria natureza da probabilidade. Em particular, a aparição das probabilidades anteriores no teorema de Bayes sugere que não há sentido em atribuir probabilidade a eventos sem antes utilizar testes reiterados para determinar a frequência do evento.

Suponha que um teste para uma determinada doença tenha uma precisão de 90%. Agora suponha que uma pessoa escolhida aleatoriamente, o Bob, tenha feito o teste e o resultado seja positivo. Qual é a probabilidade de que ele realmente tenha a doença? Por incrível que pareça, você não pode responder a essa pergunta, pois uma informação adicional é necessária: quão comum é a doença. Ou seja, você precisa saber a probabilidade anterior de que uma pessoa escolhida aleatoriamente tenha a doença. Suponhamos que 1% da população esteja doente. O teorema de Bayes nos diz como encontrar a probabilidade de ter a doença no caso de um teste positivo. Em um grupo de mil pessoas, uma média de 10 têm a doença (1%) e o teste de 9 delas dará positivo ("verdadeiros positivos"). As 990 restantes não têm a doença, e 10% delas, 99 pessoas, farão testes que darão positivo ("falsos positivos"). Os falsos positivos superam o número de verdadeiros positivos em 99 a 9, de modo que as chances de Bob ter a doença são de 1 para 11. Um evento improvável continua a ser improvável a despeito dos dados que o teste preciso oferece!

TEORIAS RELACIONADAS
CÁLCULO DAS CHANCES
p. 58
A FALÁCIA DO JOGADOR – A LEI DAS MÉDIAS
p. 64
ALEATORIEDADE
p. 68

BIOGRAFIA EM 3 SEG
THOMAS BAYES
c. 1702-1761

TEXTO DE 30 SEG
Jamie Pommersheim

A chance de que um evento ocorra é a razão entre o número de verdadeiros positivos (9) e o número de falsos positivos (99).

ÁLGEBRA E ABSTRAÇÃO

ÁLGEBRA E ABSTRAÇÃO
GLOSSÁRIO

associativa Propriedade de uma operação numérica tal que, quando uma expressão contém duas ou mais ocorrências dessa operação, a ordem das operações não interfere no resultado. A multiplicação de números, por exemplo, é associativa, uma vez que $(a \times b) \times c = a \times (b \times c)$.

coeficiente Número usado para multiplicar uma variável; na expressão $4x = 8$, 4 é o coeficiente e x é a variável. Embora sejam usualmente números, símbolos como a podem ser utilizados para representar coeficientes, chamados de coeficientes constantes ou termos constantes quando não estão associados a uma variável.

comutativa Propriedade de uma operação numérica tal que, quando a ordem é invertida, o resultado continua o mesmo. A multiplicação de números, por exemplo, é comutativa, uma vez que $3 \times 5 = 5 \times 3$.

constante Número, letra ou símbolo isolado que representa um valor fixo. Por exemplo, na equação $3x - 8 = 4$, 3 é o coeficiente, x é a variável, enquanto 8 e 4 são as constantes.

equação diferencial Equação que envolve uma função desconhecida e algumas de suas derivadas. As equações diferenciais são as ferramentas básicas usadas pelos cientistas para criar modelos de processos físicos e mecânicos na física e na engenharia.

expoente Número de vezes que outro número, conhecido como base, deve ser multiplicado por si mesmo. Na expressão $4^3 = 64$, o expoente é 3 e a base é 4. O expoente também é conhecido como índice ou potência.

geometria algébrica Ramo da matemática que combina a geometria à álgebra. Compreende o estudo das formas geométricas criadas a partir dos gráficos de soluções para equações algébricas polinomiais.

identidade (ou elemento identidade) Elemento de um conjunto que, quando combinado a outro por meio de uma operação binária, resulta nesse segundo elemento, sem alteração. No conjunto dos inteiros positivos, por exemplo, a identidade é 0 quando a operação é de adição. No mesmo conjunto, quando a operação é de multiplicação, a identidade é 1.

inteiro Número natural qualquer (os números de contagem 1, 2, 3, 4, 5 e assim por diante), 0 ou os números naturais negativos.

interseção Na teoria dos conjuntos, nome dado ao conjunto que contém apenas os elementos comuns a dois ou mais outros conjuntos. Por exemplo, dados dois conjuntos A e B, a interseção descreve o conjunto composto precisamente dos elementos que pertencem tanto a A como a B.

inverso (ou operação inversa) Operação que anula o efeito de outra. Por exemplo, o inverso da adição é a subtração, e vice-versa, ao passo que o inverso da multiplicação é a divisão, e vice-versa.

número real Qualquer número que expressa uma quantidade ao longo de uma reta numérica ou contínuo. Os números reais compreendem todos os racionais (números que podem ser expressos como uma razão ou fração, inclusive os inteiros positivos e negativos e os decimais) e os irracionais (números como $\sqrt{2}$, que não podem ser escritos como uma fração vulgar), inclusive os transcendentais (como π).

operação Conjunto qualquer de regras que produz um novo valor quando aplicado a um valor ou conjunto de valores qualquer. As quatro operações mais comuns na aritmética são adição, multiplicação, subtração e divisão.

polinômio Expressão que usa números e variáveis e permite apenas as operações de adição, multiplicação e expoentes inteiros positivos, por exemplo x^2. Veja *Equações polinomiais*, p. 80.

polinômio quíntico Equação polinomial na qual o expoente mais alto que ocorre junto a uma variável é 5.

propriedade Característica ou atributo que pode ser predicado de um objeto qualquer. As propriedades não precisam ser de natureza física; por exemplo, os números 2, 4, 6 e 8 compartilham a propriedade de serem pares.

teorema da incompletude Teorema proposto por Kurt Gödel. De acordo com ele, qualquer sistema de regras matemáticas que inclui as regras da aritmética não pode estar completo. Isso significa que sempre haverá afirmações matemáticas que não podem ser provadas ou refutadas usando tão somente as regras daquele sistema.

termo Número ou variável individual ou combinação de números e variáveis que são intercalados por operações como $+$ ou $-$ para formar uma expressão. Por exemplo, na equação $4x + y^2 - 34 = 9$, $4x$, y^2 e 34 são termos.

variável Símbolo que pode ser substituído por diferentes valores. As variáveis costumam ser expressas por letras como x ou y e são muitas vezes usadas como caracteres-curinga em expressões e equações como $3x = 6$, na qual 3 é o coeficiente, x é a variável e 6 é a constante.

A VARIÁVEL

SOMA EM 3 SEG
Na álgebra, símbolos como x e y são usados para representar números desconhecidos, quantidades que ainda não sabemos quais são.

ADIÇÃO EM 3 MIN
Em matemática, a álgebra permite a expressão de leis gerais a respeito dos números. Por exemplo, comece com dois números: 4 e 5. Em seguida, multiplique-os por um terceiro, 3, o que dá 12 e 15. Depois, some os resultados: 27. Isso produz a mesma resposta que a adição dos dois números originais ($4 + 5 = 9$) seguida de sua multiplicação pelo terceiro ($9 \times 3 = 27$). Isso é verdadeiro para três números iniciais quaisquer. Essa lei pode ser expressa de forma algébrica: $(x + y)z = xz + yz$.

Os cientistas estão sempre discutindo números, mas é comum que queiram fazê-lo sem se comprometerem com valores exatos. Digamos que você queira informar um fato: há duas vezes mais mulheres que homens em determinada sala, por exemplo. É possível expressar essa relação entre dois números sem conhecer seus valores, desde que usemos um símbolo-curinga como x. Se o número (ainda desconhecido) de homens na sala é x, então o número de mulheres é duas vezes x (usualmente abreviado como $2x$). Se mais tarde estabelecermos que $x = 7$, por exemplo, podemos substituir esse valor a fim de obter o número de mulheres: $2x = 14$. Essa abordagem abstrata, algébrica, é útil em todas as ciências. Se um carro viaja a uma velocidade constante v, percorrendo uma distância d em um tempo t, então os números v, d e t, sejam quais forem seus valores, devem manter uma relação determinada entre si. A saber, a velocidade deve ser igual à distância dividida pelo tempo, isto é, $v = d/t$. Essa é uma relação abstrata, mas, com a substituição das variáveis por valores numéricos, ela nos permite fazer cálculos em casos específicos. Se, mais adiante, descobrirmos dois desses valores (como $d = 10$ e $t = 2$) podemos usar a fórmula para encontrar o terceiro ($v = 10/2 = 5$).

TEORIAS RELACIONADAS
EQUAÇÕES
p. 78
EQUAÇÕES POLINOMIAIS
p. 80

BIOGRAFIAS EM 3 SEG
DIOFANTO
c. 200-284

ABU 'ABDALLAH MUHAMMAD IBN MUSA AL-KHWARIZMI
c. 770-c. 850

ABU KAMIL SHUJA
c. 850-930

OMAR KHAYYAM
1048-1131

BHASKARA
1114-1185

TEXTO DE 30 SEG
Richard Elwes

Na álgebra, x guarda o lugar para um número desconhecido.

cos (3/2 arctan (ω/a))
cos (ν arctan (ω/a))
a/2sina (0 < a < π/2)
arctan
F(b) − F(a)

EQUAÇÕES

SOMA EM 3 SEG

Toda vez que se afirma que duas quantidades são iguais, uma equação se forma. A maioria das afirmações científicas assume essa configuração.

ADIÇÃO EM 3 MIN

As equações podem fazer mais que simplesmente afirmar a igualdade entre números: podem lidar com objetos mais sofisticados. As "equações diferenciais" dizem que duas quantidades geométricas diferentes são na verdade a mesma. A "equação de campo" de Einstein na relatividade geral diz que a maneira como a matéria se move no interior de uma região do espaço é igual à maneira como o próprio espaço está curvado. A compreensão da geometria do Universo depende da solução dessa equação.

O símbolo mais importante

na matemática é =, o qual afirma que as quantidades em cada um de seus lados são iguais. Uma equação é qualquer afirmação que assume essa forma. É claro que equações óbvias como $7 = 7$ são bem pouco interessantes. Mas as equações podem ser informativas quando a igualdade é menos imediata, como no famoso exemplo $E = mc^2$. Essa equação da física afirma que a energia (E) contida em um objeto é igual à sua massa (m), multiplicada pela velocidade da luz (c) ao quadrado. Muitas leis fundamentais da física assumem a forma de equações. Um tipo comum envolve um número desconhecido. Se x é um número tal que $2x + 1 = 9$, isto é, "2 vezes x mais 1 é igual a 9", então essa equação contém informações suficientes para determinar x de forma exata. Há apenas um valor possível de x para o qual a equação é verdadeira. A regra básica para lidar com qualquer equação é "sempre faça a mesma coisa nos dois lados para mantê-la verdadeira". Assim, se você quer subtrair 1 de um dos lados, você tem que fazê-lo nos dois: $2x = 8$. De maneira similar, ao dividir um dos lados por 2, você tem que fazê-lo no outro: $x = 4$. Logo, essa é a "solução" da equação original.

TEORIAS RELACIONADAS

CÁLCULO
p. 50

A VARIÁVEL
p. 76

EQUAÇÕES POLINOMIAIS
p. 80

BIOGRAFIAS EM 3 SEG

EUCLIDES
c. 325-265 a.C.

DIOFANTO
c. 200-284

ABU 'ABDALLAH MUHAMMAD IBN MUSA AL-KHWARIZMI
c. 770-c. 850

ABU BEKR IBN MUHAMMAD IBN AL-HUSAYN AL-KARAJI
c. 953-1029

ALBERT EINSTEIN
1879-1955

TEXTO DE 30 SEG

Richard Elwes

Tudo igual a como sempre esteve: a ciência é feita de equações, desde a aritmética do jardim de infância até a teoria da relatividade.

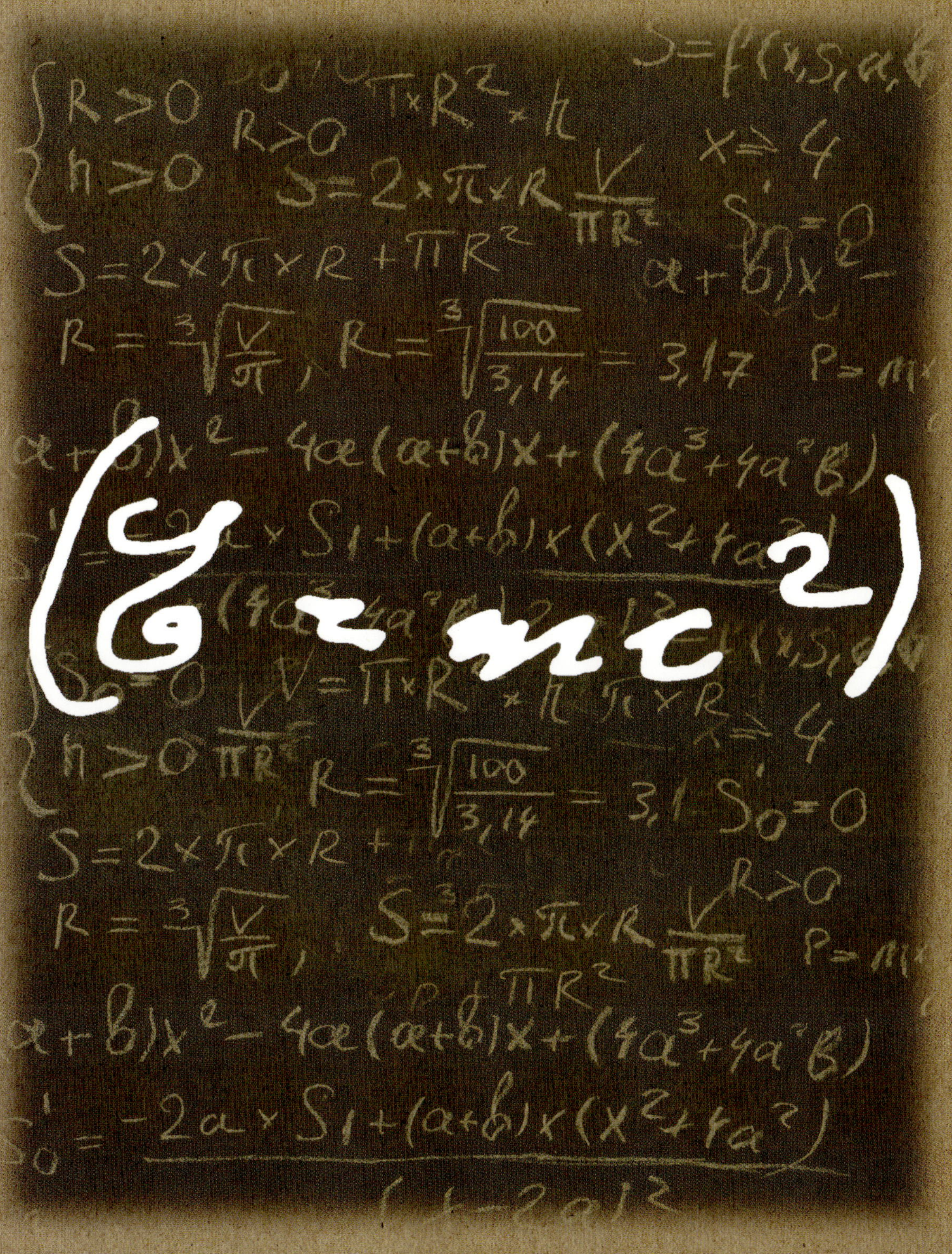
(E = mc²)

EQUAÇÕES POLINOMIAIS

SOMA EM 3 SEG
Polinômios são fórmulas obtidas com o uso de números e variáveis, permitindo-se somente as operações de adição, multiplicação e os expoentes inteiros positivos (como x^2).

ADIÇÃO EM 3 MIN
O gosto pela geometria permitia aos gregos antigos resolver equações quadráticas por meio da interseção de linhas e círculos construídos com régua e compasso. A geometria das formas definidas por equações polinomiais de mais de uma variável, conhecida como geometria algébrica, é uma das áreas centrais da pesquisa matemática atual. Na ciência, o paraboloide, dado pela equação polinomial de 3 variáveis $z = x^2 + y^2$, define um formato útil para antenas parabólicas e faróis de carros.

Estudantes do ensino médio aprendem a resolver equações como $3x^2 + 5x - 1 = 0$. Esse é um exemplo de equação polinomial, que, por definição, envolve uma soma de termos (por exemplo, $3x^2$) na qual uma variável (por exemplo, x) é elevada a uma potência inteira positiva (nesse caso, 2). A equação acima é de segundo grau ou quadrática, uma vez que o expoente (isto é, o número de vezes que o número-base deve ser multiplicado por si mesmo) mais alto é 2. Operações mais espinhosas – com expoentes fracionários e funções trigonométricas e exponenciais, por exemplo – não podem fazer parte de uma equação polinomial. Nos tempos antigos, métodos para resolver polinomiais quadráticas (encontrar valores para a variável que tornam a equação verdadeira) foram descobertos de forma independente em várias partes do globo. O ápice desses esforços foi a fórmula quadrática (ou fórmula de Bhaskara), que oferece uma maneira fácil de encontrar todas as soluções exatas. Uma solução completa das equações cúbicas (grau 3) e quárticas (grau 4) teve de esperar até o século XVI, na Itália, quando matemáticos encontraram fórmulas similares à quadrática, porém mais complicadas. A busca por uma fórmula quíntica (grau 5) terminou mais de 200 anos depois, quando Niels Abel provou um dos primeiros grandes resultados negativos da matemática: não há fórmula geral para resolver uma equação polinomial de grau 5 ou superior!

TEORIAS RELACIONADAS
NÚMEROS RACIONAIS E IRRACIONAIS
p. 16
FUNÇÕES
p. 46
A VARIÁVEL
p. 76

BIOGRAFIAS EM 3 SEG
NICCOLÒ TARTAGLIA
c. 1500-1557

GIROLAMO CARDANO
1501-1576

NIELS ABEL
1802-1829

ÉVARISTE GALOIS
1811-1832

TEXTO DE 30 SEG
Jamie Pommersheim

As equações polinomiais criam magníficas formas tridimensionais.

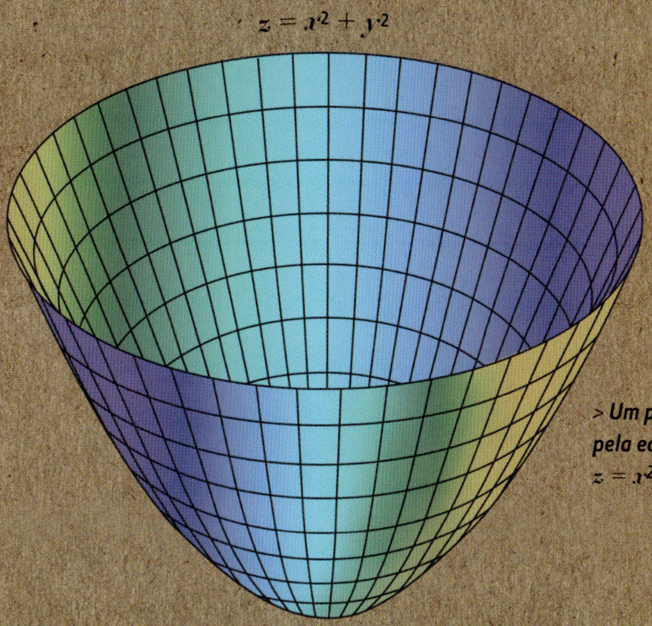

> Um paraboloide descrito pela equação polinomial $z = x^2 + y^2$

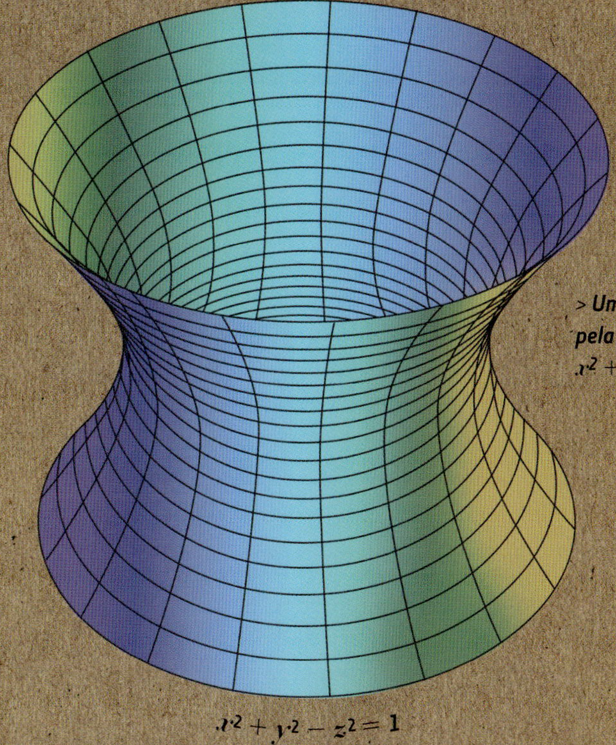

> Um hiperboloide descrito pela equação polinomial $x^2 + y^2 - z^2 = 1$

c. 770-780
Nasce em Khwarizm, hoje no Uzbequistão

825
Escreve sua obra sobre o cálculo com numerais indianos

c. 830
Escreve o livro compêndio sobre cálculo por restauração e balanceamento

830
Produz um mapa-múndi

c. 850
Morre

meados do século XII
Robert of Chester traduz o livro compêndio sobre cálculo por restauração e balanceamento

1126
Adelardo de Bath traduz as tabelas astronômicas de al-Khwarizmi

século XII
Adelardo de Bath traduz sua obra sobre o cálculo com numerais indianos

1857
O *Algorithmi de numero indorum* [Al-Khwarizmi sobre a arte indiana de calcular] é publicado por Baldassarre Boncompagni

ABU 'ABDALLAH MUHAMMAD IBN MUSA AL-KHWARIZMI

Abu 'Abdallah Muhammad ibn Musa al-Khwarizmi foi uma das mentes mais brilhantes do islã, e sua obra, traduzida para o latim quatro séculos depois de sua morte, formou os alicerces do estudo matemático no Ocidente. Sabe-se pouco sobre sua vida pessoal; sua família era persa e mudou-se para uma localidade ao sul de Bagdá (um califado árabe desde meados do século VII), onde ele se tornou um estudioso na Casa da Sabedoria (Bait al-Hikma) do califa al Ma' mun, biblioteca e instituto acadêmico no centro da era de ouro islâmica. Ali, estudou traduções gregas e sânscritas de textos científicos e obras de estudiosos babilônios e persas. Embora fosse um formidável geógrafo, cartógrafo (revisou e corrigiu a *Geographica* de Ptolomeu e persuadiu 70 geógrafos a produzir um mapa-múndi para o califa) e astrônomo, sua maior e mais inestimável contribuição foi à matemática – especificamente à álgebra, à aritmética e à trigonometria. Além disso, reuniu técnicas, métodos e conceitos da Índia e do Extremo Oriente, acrescentando inovações e aperfeiçoamentos próprios.

A ele devemos agradecer por apresentar ao Ocidente a numeração indiana, incluindo o zero (que ele aprendeu dos matemáticos hindus, como reconhecido no título de sua célebre obra de 825 sobre o cálculo com numerais indianos), numerais arábicos, dezenas e unidades, frações e a vírgula decimal. Ele é provavelmente mais conhecido como o pai da álgebra (embora isso tenha sido, mais uma vez, uma questão de sintetizar o conhecimento existente e então acrescentar sua própria interpretação e suas técnicas). De fato, a palavra "álgebra" vem de *al-jabr* (que significa "completar", "restaurar"), parte do título de sua grande obra sobre cálculo por restauração e balanceamento, a primeira solução sistemática de equações lineares e quadráticas. O trabalho havia sido encomendado pelo califa para ser prático e acessível, com exemplos extraídos da vida cotidiana e com soluções para problemas recorrentes nos negócios e no comércio.

Quando a obra de al-Khwarizmi foi traduzida para o latim no século XII, os matemáticos ganharam também uma nova palavra. A forma latinizada de seu nome é Algorithmi, da qual derivou o termo "algoritmo". Também há uma cratera no lado escuro da Lua que recebeu o nome desse grande matemático.

ALGORITMOS

SOMA EM 3 SEG

Os algoritmos foram concebidos como procedimentos práticos para realizar tarefas matemáticas. Hoje estão em uso constante nos computadores ao redor do mundo.

ADIÇÃO EM 3 MIN

As maiores questões da ciência da computação dizem respeito à velocidade na qual os algoritmos podem ser rodados. Por exemplo, comece com dois números primos grandes e multiplique um pelo outro. O desafio é descobrir os dois números originais a partir do resultado final. Há um algoritmo para fazê-lo, mas pode ser que isso leve milhões de anos, mesmo no processador moderno mais rápido. Existe uma maneira mais veloz? Ninguém conhece. Mas esperamos que não exista, pois é isso que garante a segurança on-line de nossas contas bancárias!

A revolução informática do século XX testemunhou a ascensão do computador. Mas computadores não são nada sem programas, que por sua vez consistem apenas em efetivações de objetos matemáticos chamados algoritmos – ou seja, as listas de instruções para realizar uma tarefa, nas quais cada passo é descrito sem ambiguidade, de modo que possa ser realizado por um agente não pensante. A palavra algoritmo vem de al-Khwarizmi, matemático que descobriu procedimentos imunes a equívocos para resolver certas equações. Muitos matemáticos desenvolveram ideias similares através dos séculos, mas foi apenas com o trabalho de Alan Turing e Alonzo Church, na década de 1930, que a noção de algoritmo ganhou precisão. As considerações de Turing envolviam um dispositivo composto de uma fita de papel, ao longo da qual uma "máquina de Turing" se arrastava e ia escrevendo e apagando símbolos de acordo com regras internas rigorosas. Turing usou essa engenhoca teórica para demonstrar que não poderia existir um procedimento único que oferecesse uma resposta a toda questão matemática. Mesmo entre os números naturais não é possível criar um dispositivo que compute todos os problemas. Isso ecoava o teorema da incompletude de Gödel e, tanto quanto este, chocou o meio matemático. Mas foi apenas quando a máquina de Turing cruzou a fronteira entre o domínio matemático e o mundo real que o computador digital nasceu.

TEORIAS RELACIONADAS

EQUAÇÕES POLINOMIAIS
p. 80
O PROGRAMA DE HILBERT
p. 142
O TEOREMA DA INCOMPLETUDE DE GÖDEL
p. 144
AL-KHWARIZMI
p. 82

BIOGRAFIAS EM 3 SEG

ALONZO CHURCH
1903-1995

STEPHEN KLEENE
1909-1994

ALAN TURING
1912-1954

STEPHEN COOK
1939-

TEXTO DE 30 SEG

Richard Elwes

Todo programa de computador é a codificação de um algoritmo, uma ideia cuja origem está no século IX.

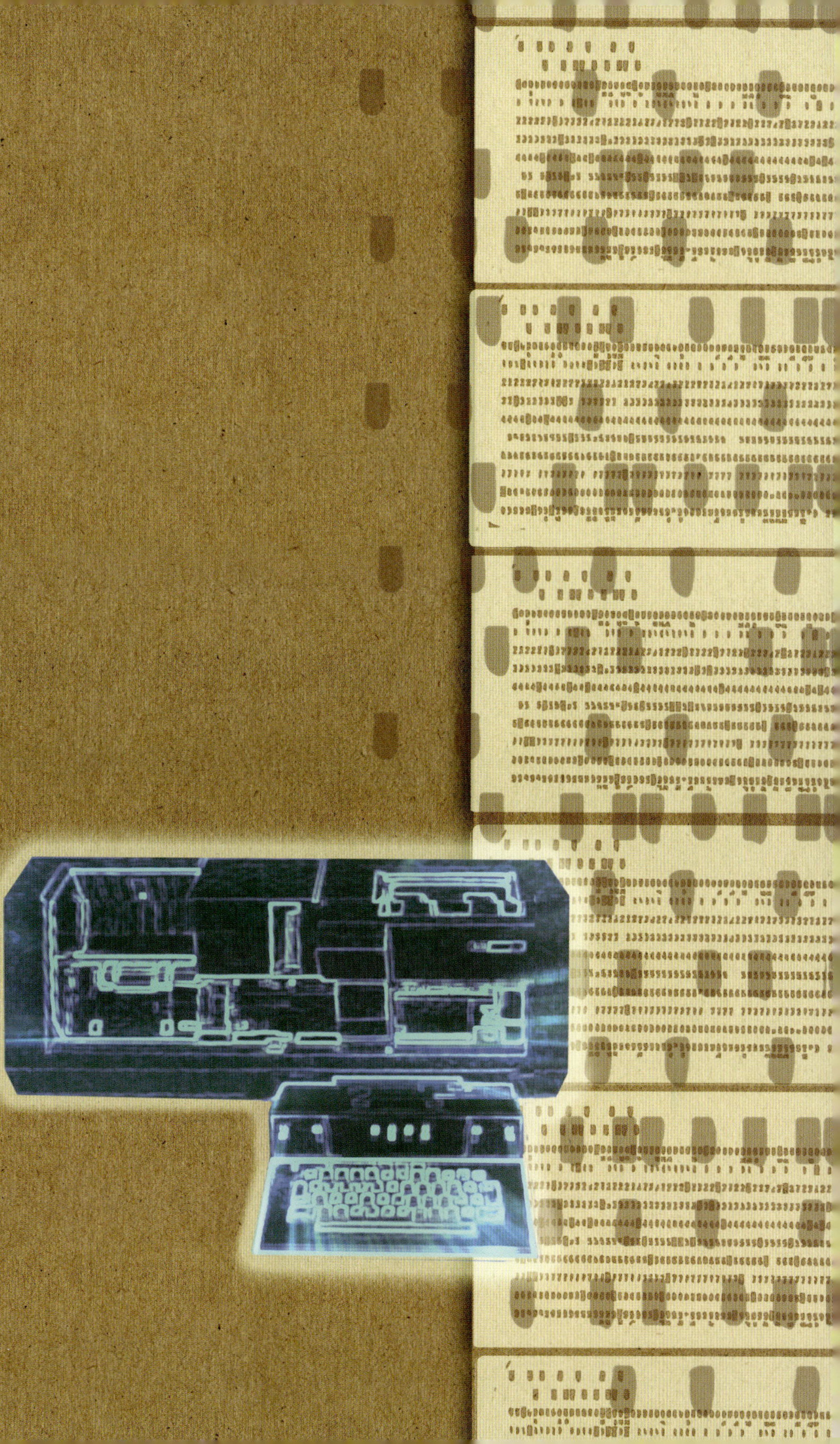

CONJUNTOS E GRUPOS

SOMA EM 3 SEG
Qualquer reunião de objetos é um conjunto matemático – que se torna um grupo ao introduzirmos uma operação que combine dois elementos do conjunto para formar outro elemento do conjunto.

ADIÇÃO EM 3 MIN
Embora, até o momento, tenhamos pensado apenas nos números como nossos objetos, as coisas podem ficar mais interessantes quando se introduzem tipos diferentes de elementos como objetos. De fato, o famoso círculo de quintas da teoria musical é o conjunto das doze escalas maiores, o qual pode receber uma estrutura de grupo chamada grupo cíclico.

A reunião e categorização de objetos é um procedimento fundamental da matemática. Reuniões de objetos (conjuntos) nos permitem definir as propriedades comuns daquilo que estamos estudando. A criação de uniões de conjuntos (com todos os elementos dos dois conjuntos anteriores) ou interseções (que tomam apenas aquilo que é comum a ambos) nos auxilia a refinar suas propriedades. Assim como acontece com os números, podemos combinar objetos no interior de um conjunto para produzir outros objetos nesse mesmo conjunto. Um grupo é um conjunto com algumas propriedades especiais. (1) Dois objetos quaisquer no conjunto podem ser combinados por meio de uma operação (a adição, por exemplo), e a combinação de dois objetos quaisquer já deve estar dentro do conjunto. (2) Há um objeto especial no conjunto chamado identidade, que tem a propriedade de não alterar os objetos com os quais é combinado – por exemplo, 0 é a identidade aditiva, uma vez que se pode adicioná-lo a qualquer outro inteiro sem alterar seu valor. E (3) para todo objeto do grupo, há outro objeto do grupo chamado seu inverso. Qualquer objeto combinado com seu inverso resulta na identidade. Pense em todos os inteiros, na adição como a operação de combinação e no 0 como a identidade, e você entenderá do que se trata. Por exemplo: $5 + (-5) = 0$.

TEORIAS RELACIONADAS
FUNÇÕES
p. 46
ANÉIS E CAMPOS
p. 88

BIOGRAFIAS EM 3 SEG
JOSEPH-LOUIS LAGRANGE
1736-1813

NIELS ABEL
1802-1829

ÉVARISTE GALOIS
1811-1832

ARTHUR CAYLEY
1821-1895

GEORG CANTOR
1845-1918

BENOÎT MANDELBROT
1924-2010

TEXTO DE 30 SEG
David Perry

Os diagramas de Venn fornecem auxílios visuais para compreendermos as relações entre vários conjuntos.

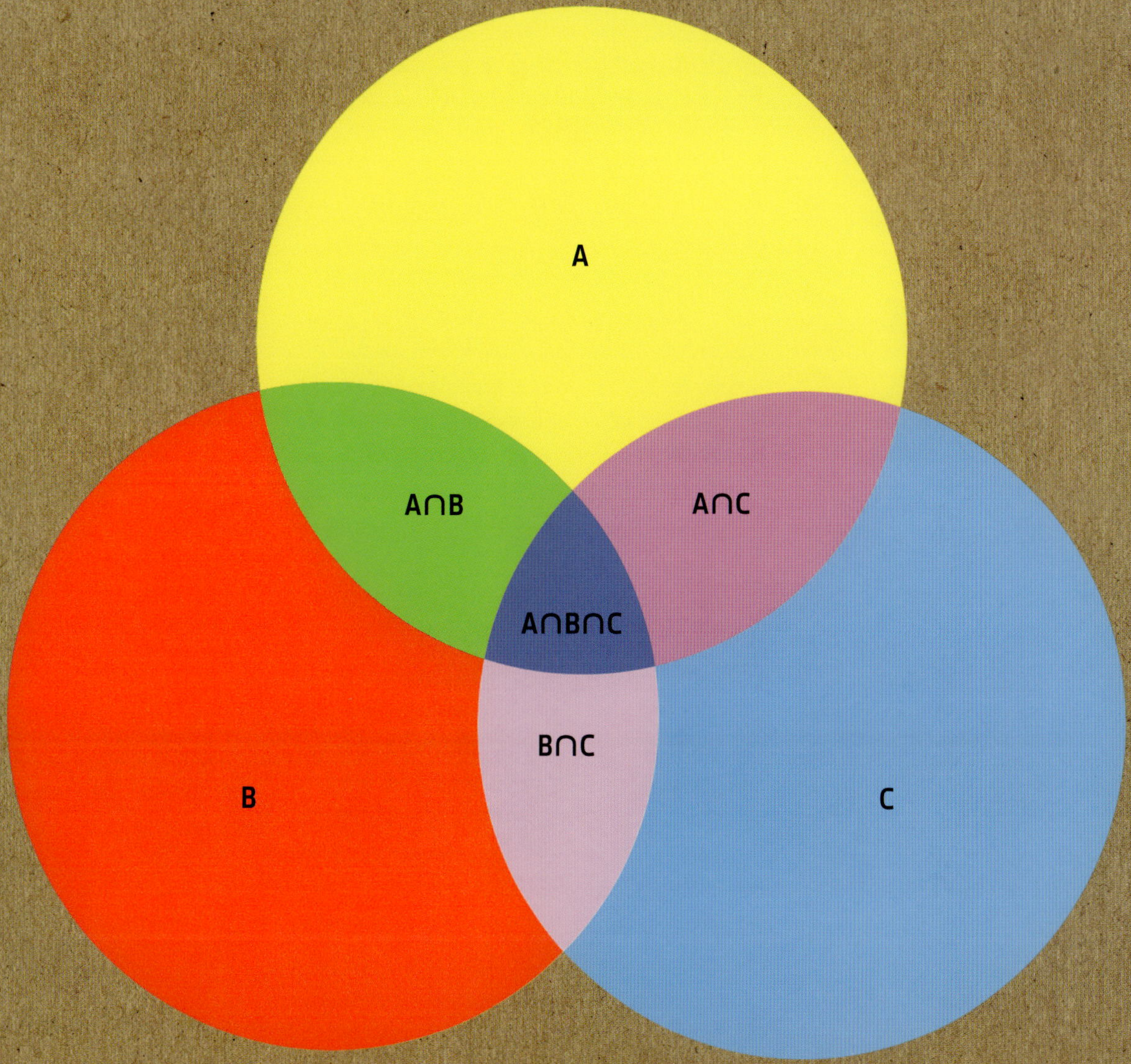
A
A∩B
A∩C
A∩B∩C
B∩C
B
C

ANÉIS E CAMPOS

A aritmética dos inteiros envolve duas operações fundamentais: a adição e a multiplicação (é com base nelas que se aprende sobre a subtração e a divisão). Na escola nos ensinam que a soma $1 + 4 + 9 + 16$ não requer parênteses porque podemos começá-la em qualquer lugar, até mesmo depois de rearranjar os termos, e sempre obteremos a mesma resposta (pois a adição é associativa e comutativa). Aprendemos como as operações interagem umas com as outras quando entramos em contato com a propriedade distributiva dos inteiros: $a \times (b + c) = a \times b + a \times c$. Os diversos conjuntos com propriedades úteis como essa (não listaremos todas aqui) recebem um nome: anéis. O conjunto dos números reais também é um anel, embora possua outras propriedades úteis que os inteiros não têm. Por exemplo: embora a soma ou a multiplicação de dois inteiros possa resultar em outro inteiro (o mesmo ocorrendo quando a operação é de subtração), a *divisão* entre dois inteiros não vai necessariamente gerar outro inteiro. Por outro lado, você pode dividir um número real qualquer por outro número real qualquer (diferente de zero!) e obter um número real. Essa distinção é o que dá ao conjunto dos números reais a designação de campo.

SOMA EM 3 SEG

O conjunto dos inteiros tem belas propriedades que o fazem merecer a designação de anel. O conjunto dos números reais é ainda mais belo, sendo chamado de campo.

ADIÇÃO EM 3 MIN

Anéis e campos são importantes historicamente porque permitiram aos matemáticos traduzir alguns problemas clássicos em uma nova linguagem, que por sua vez possibilitou a obtenção de provas desejadas há muito tempo, como as da impossibilidade da quadratura do círculo, da duplicação do cubo e da trissecção de um ângulo arbitrário usando apenas régua e compasso. Também permitiu provar que, a despeito da existência de uma fórmula quadrática – e fórmulas cúbica e quártica –, nunca poderia haver uma fórmula como essa para equações polinomiais quínticas.

TEORIAS RELACIONADAS

ADIÇÃO E SUBTRAÇÃO
p. 40
MULTIPLICAÇÃO E DIVISÃO
p. 42
EQUAÇÕES POLINOMIAIS
p. 80
CONJUNTOS E GRUPOS
p. 86
A QUADRATURA DO CÍRCULO
p. 104

BIOGRAFIAS EM 3 SEG

ÉVARISTE GALOIS
1811-1832

RICHARD DEDEKIND
1831-1916

EMMY NOETHER
1882-1935

TEXTO DE 30 SEG

David Perry

A propriedade distributiva se refere à maneira como a adição e a multiplicação interagem – conjuntos com tais propriedades são chamados anéis.

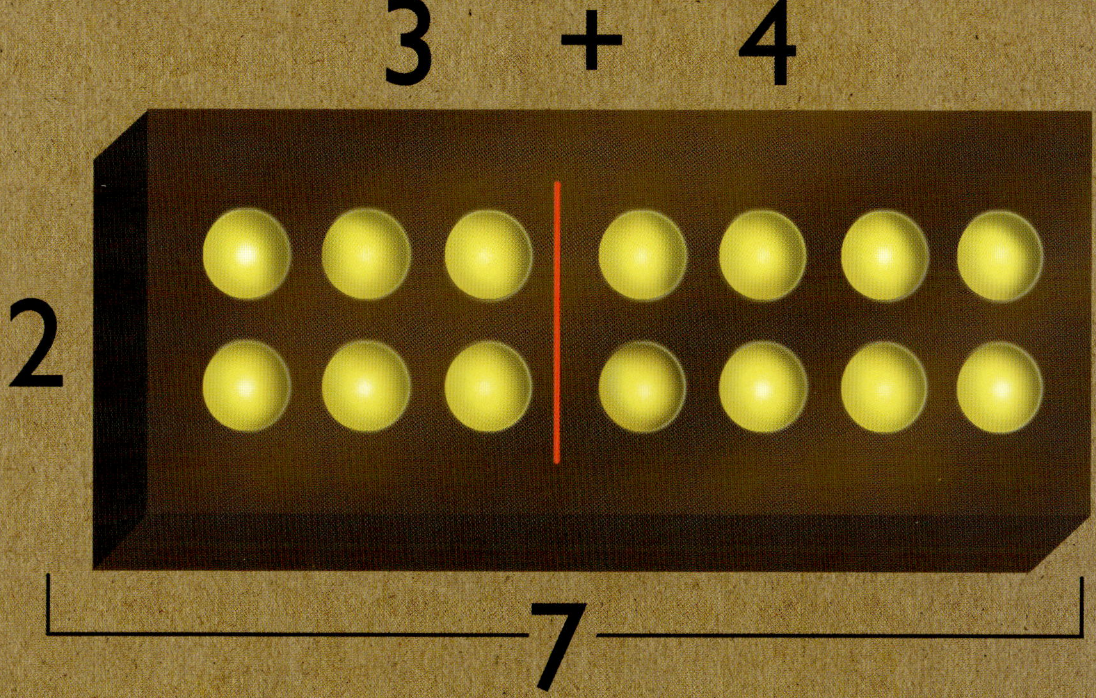

$$2\times(3+4) = 2\times3+2\times4$$

GEOMETRIA E FORMAS

GEOMETRIA E FORMAS
GLOSSÁRIO

axioma Proposição ou afirmação tida como autoevidente ou que foi aceita como verdadeira mesmo sem provas.

circunferência Limite ou perímetro de uma figura curva. Termo mais comumente usado em referência a um círculo.

constante Número, letra ou símbolo isolado que representa um valor fixo. Por exemplo, na equação $3x - 8 = 4$, 3 é o coeficiente, x é a variável, enquanto 8 e 4 são as constantes. Contudo, o termo está mais intimamente associado a símbolos como π e e.

diâmetro Linha reta que passa pelo centro de um círculo ou esfera, indo de um de seus lados ao lado oposto. De forma mais geral, a maior distância entre dois pontos quaisquer na mesma figura.

dodecaedro Termo normalmente usado para descrever um poliedro regular de doze faces, todas com a forma de um pentágono. Dodecaedros são um dos cinco sólidos platônicos. Um dodecaedro romboide é um exemplo de dodecaedro irregular.

geometria Ramo da matemática que lida, sobretudo, com formas, linhas, pontos, superfícies e sólidos.

geometria euclidiana Estudo das retas, pontos e ângulos em planos e sólidos. Abarca todo o sistema matemático de regras e teoremas baseado nos cinco axiomas que o matemático grego Euclides de Alexandria postulou em sua obra *Os elementos*.

geometria hiperbólica Forma de geometria não euclidiana na qual o postulado das paralelas da geometria euclidiana é substituído pelo postulado de que há ao menos duas retas no plano que não cruzam determinada reta. Na geometria hiperbólica, a soma dos ângulos de um triângulo é menor que 180°. Veja *geometria euclidiana*.

hexágono Polígono com seis lados retos e seis ângulos.

hipotenusa Lado oposto ao ângulo reto em um triângulo retângulo. Desempenha um papel fundamental no teorema de Pitágoras. Veja *teorema de Pitágoras*.

icosaedro Poliedro regular composto de vinte faces, todas com a forma de um triângulo equilátero. Icosaedros são um dos cinco sólidos platônicos.

lema Verdade matemática usada para apoiar outra, mais importante (por exemplo, um teorema).

número transcendental Qualquer número que não é raiz de um polinômio não nulo com coeficientes inteiros; em outras palavras, números não algébricos. π é o número transcendental mais conhecido, de modo que, de acordo com a definição inicial, não poderia satisfazer a equação $x^2 = 10$. A maior parte dos números reais é transcendental.

pentágono Polígono com cinco lados retos e cinco ângulos.

pentagrama Estrela de cinco pontas composta de cinco linhas retas.

poliedro Qualquer sólido com quatro ou mais faces poligonais. Nos poliedros regulares, como os cinco sólidos platônicos, as faces são polígonos regulares.

proposição Sentença que afirma um resultado ou propõe um problema. Em um teorema, a proposição é normalmente acompanhada de uma demonstração de sua verdade (uma prova).

raio Distância do centro de um círculo até sua borda. O raio é metade do valor do diâmetro.

seção cônica Figura curva criada pela interseção de um plano com um cone circular. Uma seção cônica pode ser um círculo, uma elipse, uma parábola ou uma hipérbole, dependendo do ângulo em que o plano corta o cone.

teorema Fato ou verdade matemática estabelecida como consequência lógica de resultados ou de axiomas matemáticos previamente aceitos.

teorema de Pitágoras Teorema atribuído a Pitágoras. Afirma que, em um triângulo retângulo, o quadrado do comprimento da hipotenusa (o lado oposto ao ângulo reto) é igual à soma dos quadrados dos comprimentos dos outros dois lados. É comumente formulado como $a^2 + b^2 = c^2$.

teoria de Galois Métodos pelos quais estruturas algébricas, conhecidas como grupos, podem ser usadas para resolver equações algébricas.

teoria dos números Ramo da matemática que lida, sobretudo, com as propriedades e relações dos números, dedicando uma atenção particular aos inteiros positivos.

OS ELEMENTOS DE EUCLIDES

SOMA EM 3 SEG
Os treze livros d'*Os elementos*, nos quais Euclides apresentou verdades belas e desconcertantes das disciplinas da geometria e da teoria dos números, tiveram uma influência inestimável sobre a civilização.

ADIÇÃO EM 3 MIN
Existem anedotas famosas a respeito da filosofia de Euclides. Depois de provar uma proposição em um curso que ministrava, um estudante lhe perguntou qual seria a relevância prática daquele material. Euclides deu uma moeda ao estudante e o dispensou, uma vez que estava claro que ele exigia um retorno do conhecimento, em vez de simplesmente aprender por aprender. Quando o monarca Ptolomeu I pediu que Euclides lhe oferecesse um meio mais fácil para compreender seus teoremas, o matemático respondeu: "Não existe estrada real para a geometria".

Euclides foi um matemático grego que viveu e lecionou em Alexandria por volta de 300 a.C. Ele é reverenciado não apenas por seus teoremas específicos a respeito de triângulos, círculos e números primos, mas por toda sua abordagem ao pensamento matemático, que envolve primeiro fornecer definições e identificar os postulados adotados para, a partir disso, desenvolver as consequências lógicas desses pressupostos básicos, lema por lema, teorema por teorema. Euclides forneceu uma metodologia para o raciocínio matemático que serviu como inspiração para o estudo da geometria por todo o mundo pelos 22 séculos seguintes. Composta de treze livros, sua obra mais célebre é *Os elementos*, dedicada sobretudo à geometria (o autor prova o teorema de Pitágoras no Livro I e explica a construção dos cinco sólidos platônicos no Livro XIII). Entretanto, Euclides dedicou três dos treze volumes a uma excursão pela teoria dos números. No Livro VII, ele explica como encontrar o maior divisor comum entre dois inteiros, fornecendo os detalhes de um algoritmo que recebe seu nome. No Livro IX, volta ao teorema de Pitágoras e oferece uma fórmula que gera números naturais cujos quadrados, quando somados, resultam no quadrado de outro número natural, como é o caso em $3^2 + 4^2 = 5^2$, fornecendo assim os comprimentos dos lados de um triângulo retângulo.

TEORIAS RELACIONADAS
NÚMEROS PRIMOS
p. 22
A QUADRATURA DO CÍRCULO
p. 104
RETAS PARALELAS
p. 106
SÓLIDOS PLATÔNICOS
p. 114

BIOGRAFIAS EM 3 SEG
PITÁGORAS
c. 570-c. 490 a.C.

EUCLIDES
c. 325-265 a.C.

TEXTO DE 30 SEG
David Perry

Uma prova da tripla pitagórica em um triângulo retângulo. Triângulos congruentes podem ser usados para mostrar que o quadrado cinza tem a mesma área do retângulo amarelo e que o quadrado vermelho tem a mesma área do retângulo azul.

Ἐν ἄρα τοῖς ὀρθογωνίοις τριγώνοις τὸ ἀπὸ τῆς τὴν ὀρθὴν γωνίαν ὑποτεινούσης πλευρᾶς τετράγωνον ἴσον ἐστὶ τοῖς ἀπὸ τῶν τὴν ὀρθὴν [γωνίαν] περιεχουσῶν πλευρῶν τετραγώνοις· ὅπερ ἔδει δεῖξαι.

PI – A CONSTANTE DO CÍRCULO

SOMA EM 3 SEG

"Quantitas, in quam cum multiplicetur diameter, proveniet circumferentia" – "A quantidade que, quando multiplicada pelo diâmetro, resulta na circunferência." Esse é o π (ou pi), para mim e para ti.

ADIÇÃO EM 3 MIN

Em pifilologia, um "piema" é um poema criado de forma que o número de letras de cada palavra coincida com a expansão decimal de π. Sir James Jeans começou a brincadeira: "How I want a drink, alcoholic of course, after the heavy lectures involving quantum mechanics" ("Que vontade de uma bebida – alcoólica, é claro –, depois das densas palestras sobre mecânica quântica"). Entendeu? Dizem que a *Cadaeic cadenza*, um conto escrito por Mike Keith em 1996, foi escrita em piglês. É um piema em prosa que contém 3.835 palavras!

Fácil de ver, mas difícil de calcular, o número transcendental π = 3,1415926535897... é muito provavelmente a constante matemática mais conhecida – e há mais tempo – em virtude da relação simples que mantém com o círculo: ele é a razão entre a circunferência e o diâmetro. Existe uma opinião bastante difundida de que a escolha da letra grega para a constante veio da palavra para "perímetro" (περίμετρος), às vezes chamada de "constante de Arquimedes" devido às famosas tentativas do sábio grego de calculá-la. Com efeito, desde as aproximações do círculo com polígonos inscritos ou circunscritos realizadas por ele, pelo matemático chinês Liu Hui e por outros, passando pelas somas finitas de um número infinito de frações por meio do cálculo de Leibniz, até equações fascinantes como as fórmulas do matemático indiano Ramanujan, é provável que o π tenha dado origem a mais estudos matemáticos que qualquer outro conceito individual, além de desempenhar um papel central em quase todas as ciências naturais e sociais. Sempre enigmático, motivou concursos em que os participantes deviam se lembrar de seus dígitos decimais na ordem correta e computadores deviam calcular aproximações cada vez mais precisas. Entre as celebrações do número há o dia do π (14 de março, ou 3/14, na notação americana), um fenômeno agora global, e o desenvolvimento de um campo novo de estudo (sério, mas bem engraçado) chamado π-filologia, ou pifilologia.

TEORIAS RELACIONADAS

NÚMEROS RACIONAIS E IRRACIONAIS
p. 16
TRIGONOMETRIA
p. 102
A QUADRATURA DO CÍRCULO
p. 104

BIOGRAFIAS EM 3 SEG

PITÁGORAS
c. 570-c. 490 a.C.

ARQUIMEDES
c. 287-c. 212 a.C.

ISAAC NEWTON
1643-1727

WILLIAM JONES
1675-1749

TEXTO DE 30 SEG

Richard Brown

O método de Arquimedes de desenhar uma série de polígonos no interior e no exterior de um círculo permitiu-lhe calcular o valor aproximado de π.

A RAZÃO ÁUREA

SOMA EM 3 SEG
O número para o qual a razão entre a soma das duas partes e a parte maior é igual à razão entre a parte maior e a parte menor.

ADIÇÃO EM 3 MIN
As menções à razão áurea frequentemente dizem respeito a seu papel estético na arte, na arquitetura e no design, desde as pirâmides dos egípcios da Antiguidade e os templos da Grécia clássica, passando pelas pinturas de Leonardo da Vinci, até chegar ao iPod dos dias de hoje. No entanto, embora haja exemplos de artistas e designers que incorporam de forma deliberada essa razão em suas obras (o arquiteto Le Corbusier, por exemplo), muita gente questiona a relevância artística da razão áurea.

Se você divide uma linha em duas partes, uma maior, a, e uma menor, b, de modo que a soma de ambas dividida pela parte maior seja igual à parte maior dividida pela menor, isto é, $(a + b)/a = a/b$, você obtém a razão áurea (a/b). Também conhecida como seção áurea, média áurea e proporção divina, é simbolizada pela letra grega fi (ϕ) e consiste no número irracional obtido ao se calcular a expressão: $\phi = (1 + \sqrt{5})/2 = 1{,}6180339887498...$ Para os matemáticos, é interessante notar que ϕ satisfaz as equações $\phi^2 = 1 + \phi$ e $1/\phi = \phi - 1$. A razão áurea é também a medida da diagonal de um pentágono regular de lados com comprimento 1. O pentagrama, uma figura formada pelas diagonais de um pentágono, tinha significados místicos para Pitágoras e seus discípulos. Artistas e arquitetos usam a razão áurea para criar proporções agradáveis aos olhos. A sequência de Fibonacci, 1, 1, 2, 3, 5, 8, 13, 21, 34, ... tem a propriedade de que a razão entre dois números consecutivos vai se aproximando de ϕ à medida que os números aumentam. O retângulo áureo, cujos lados estão na proporção da razão áurea, é encontrado tanto no dodecaedro como no icosaedro. A espiral áurea é formada pela colagem de arcos de quadrante (arcos de um quarto de círculo) em quadrados cujos lados vão diminuindo à razão de ϕ.

TEORIAS RELACIONADAS

NÚMEROS RACIONAIS E IRRACIONAIS
p. 16
OS NÚMEROS DE FIBONACCI
p. 24
SÓLIDOS PLATÔNICOS
p. 114

BIOGRAFIAS EM 3 SEG

PITÁGORAS
c. 570-c. 490 a.C.

LEONARDO FIBONACCI
c. 1170-c. 1250

ROGER PENROSE
1931-

TEXTO DE 30 SEG
Robert Fathauer

Quadrados cujos lados têm comprimentos que vão diminuindo segundo a razão áurea encaixam-se perfeitamente uns nos outros em uma configuração espiral. Arcos de quadrante inscritos nos quadrados formam a espiral áurea.

1/φ
1
φ
1

c. 570 a.C.
Nasce em Samos

c. 530 a.C.
Muda-se para Crotone, no sul da Itália

c. 490 a.C.
Morre, provavelmente em Metaponto

c. 200-250 d.C.
Diógenes Laércio escreve sobre Pitágoras e alguns de seus discípulos em *Vidas e doutrinas dos filósofos ilustres*

c. 234-305 d.C.
Porfírio redige a biografia *Vita Pythagorae* [Vida de Pitágoras]

c. 245-325 d.C.
Jâmblico escreve a biografia *De vita pythagorica* [Sobre a vida de Pitágoras]

Como nem ele nem seus contemporâneos deixaram nada escrito, Pitágoras tornou-se para seus muitos seguidores um personagem semidivino, místico – um Rei Artur do mundo antigo.

Figura misteriosa e carismática, dizem que tinha uma das coxas feita de ouro, que realizou milagres e que possuía a capacidade de um xamã de estar em dois lugares ao mesmo tempo. Convicto de que a alma era imortal e passava por várias reencarnações, Pitágoras fundou um culto religioso esotérico muito admirado por seus princípios austeros e rigorosos e suficientemente relevante para entanto, no que diz respeito à matemática, embora Pitágoras atribuísse um significado divino e místico aos números e às relações que mantinham entre si, é improvável que tenha chegado a provar seu teorema. O único indício de que estudou geometria baseia-se em propaganda retrospectiva. Hoje sabemos que o teorema era conhecido por estudiosos babilônicos em sua forma aritmética, embora também não o tenham provado, de modo que talvez o germe da história tenha sido que Pitágoras simplesmente foi reconhecido por ter transmitido um conhecimento matemático relevante e elegante.

TRIGONOMETRIA

SOMA EM 3 SEG

Fundamental para a ciência moderna, a trigonometria é o estudo das relações entre os ângulos de um triângulo e os comprimentos de seus lados.

ADIÇÃO EM 3 MIN

Na trigonometria plana, que predomina nas escolas, todos os triângulos têm ângulos cuja soma é de 180°. Entretanto, o que é usado na astronomia é a trigonometria esférica, que interessava mais às civilizações da Antiguidade. Em uma esfera, a soma dos ângulos de um triângulo é maior que 180°. De fato, dados um ponto no Polo Norte e outros dois no Equador (um distando um quarto de volta do outro), todos os três ângulos do triângulo resultante têm 90°, totalizando 270°!

Nos triângulos retângulos,

os ângulos mantêm relação com as razões entre os comprimentos dos lados. Essa relação fornece a fundamental "função seno" (e suas primas, como a função "cosseno"), em que o seno de um ângulo é igual à razão entre o comprimento do lado oposto e o da hipotenusa (o lado oposto ao ângulo reto). Saber como calcular comprimentos a partir de medições de ângulos teve enormes consequências práticas para os astrônomos e exploradores da Antiguidade, dos indianos e persas aos sumérios e gregos antigos como Hiparco, um astrônomo do século II a.C., considerado o "pai da trigonometria". Cientistas modernos, no entanto, veem as funções trigonométricas de forma mais ampla. É possível localizar pontos em um círculo por meio de um triângulo retângulo; se o raio é 1, as coordenadas de um ponto no círculo são o cosseno e o seno do ângulo Θ. À medida que Θ aumenta, o valor y (seno de Θ) primeiro aumenta, depois diminui, torna-se negativo e volta a zero. À medida que Θ continua a aumentar além de 2π radianos, esse ciclo se repete sem cessar, de modo que um gráfico do seno de Θ *versus* Θ tem a forma de uma onda periódica (que se repete). Assim, todos os fenômenos que parecem ou se comportam como ondas, desde a radiação na física e o som na música, até a oceanografia, a imagiologia médica e boa parte da engenharia e da arquitetura, podem ser estudados com o uso de funções trigonométricas básicas como o seno e o cosseno.

TEORIAS RELACIONADAS

FUNÇÕES
p. 46
CÁLCULO
p. 50
PI – A CONSTANTE DO CÍRCULO
p. 96
GRÁFICOS
p. 108

BIOGRAFIAS EM 3 SEG

HIPARCO
c. 190-120 a.C.

PTOLOMEU
c. 90-165 a.C.

LEONHARD EULER
1707-1783

TEXTO DE 30 SEG

Robert Fathauer

As funções seno e cosseno são definidas como as coordenadas x e y do ponto no qual uma reta que faz um ângulo Θ com o eixo x cruza o círculo unitário.

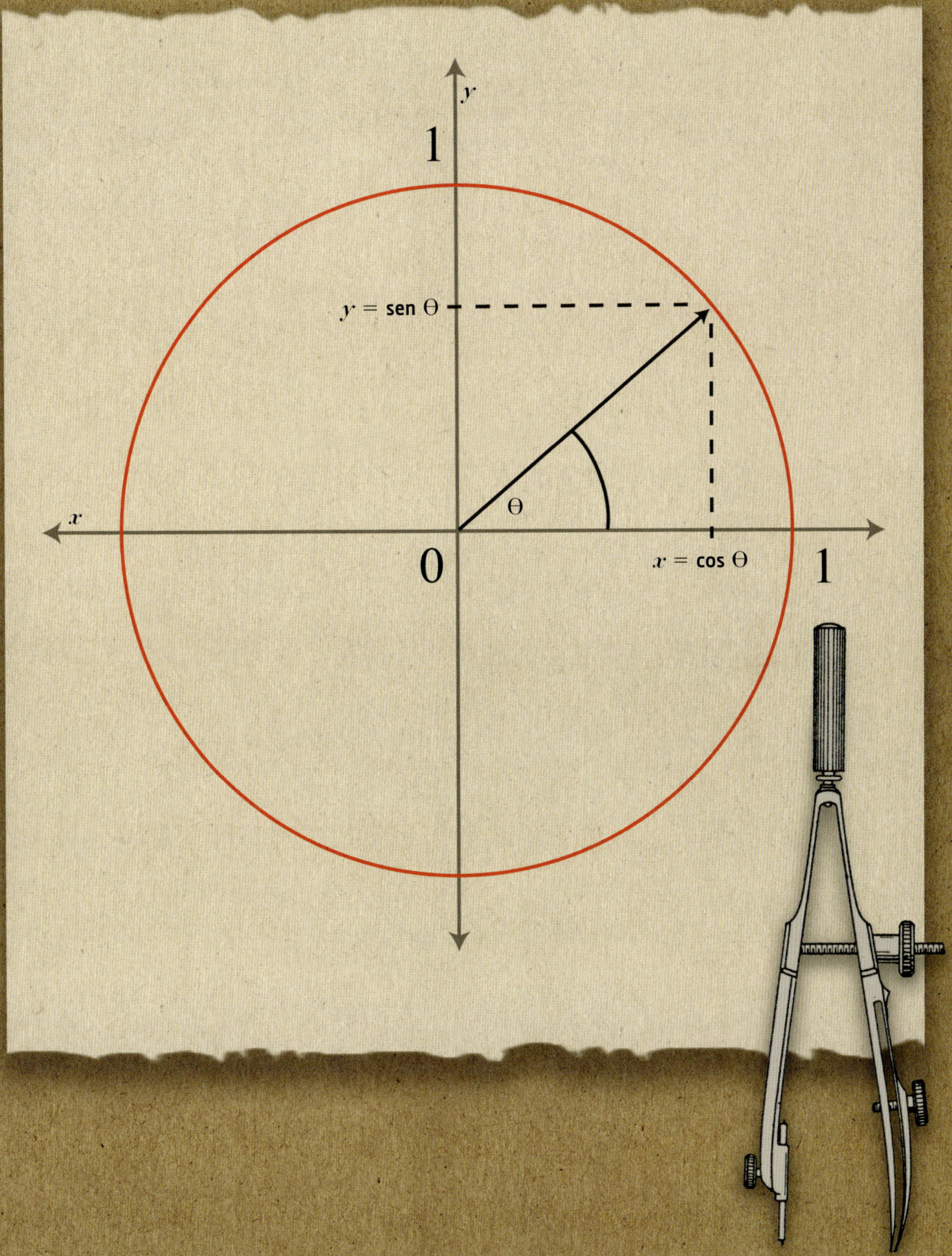

y
1
y = sen Θ
Θ
x
0
x = cos Θ
1

A QUADRATURA DO CÍRCULO

SOMA EM 3 SEG
Com ferramentas simples, a tarefa de desenhar um quadrado com a mesma área de determinado círculo parece bem fácil. Não se engane! Os matemáticos sabem que essa tarefa é impossível.

ADIÇÃO EM 3 MIN
A tradição de realizar construções geométricas apenas com o uso de régua e compasso tem seu fundamento nos axiomas codificados na obra *Os elementos*, de Euclides. As limitações do que se pode fazer com essas ferramentas são inerentes às próprias ferramentas. Isso não demove toda uma turba de matemáticos amadores e profissionais de, todo ano, afirmar ter chegado a soluções para esses problemas impossíveis. Parece próprio à natureza humana embarcar em missões quixotescas.

Os gregos antigos concebiam todos os números como comprimentos, de modo que sua matemática era feita quase exclusivamente de maneira geométrica. Dividir um número por dois, por exemplo, era visto como uma construção geométrica. Primeiro, considere o número como o comprimento de um segmento de reta. Em seguida, use as ferramentas da geometria, a saber, uma régua e um compasso, para dividir esse segmento ao meio. Você executou uma divisão por dois. Começando com um círculo, pode-se tentar construir um quadrado cuja área é a mesma do círculo. Milhares de anos atrás, matemáticos chegaram perto de realizar a "quadratura do círculo", mas as primeiras tentativas partiam da suposição de que π podia ser expresso como uma razão entre dois números naturais. Hoje, não apenas se sabe que π é irracional, como também foi provado, no século XIX, que ele é transcendental. Séculos mais cedo, matemáticos haviam mostrado, de forma independente, que os números transcendentais não podiam ser construídos com régua e compasso, o que colocava um ponto final nessa questão. Todavia, as tentativas de solução tiveram maravilhosos e inesperados benefícios. As seções cônicas foram inventadas por Menecmo para solucionar esses problemas, assim como o foram a álgebra abstrata e a teoria de Galois, assuntos de imensa importância para a matemática atual.

TEORIAS RELACIONADAS
NÚMEROS RACIONAIS E IRRACIONAIS p. 16
OS ELEMENTOS DE EUCLIDES p. 94
PI – A CONSTANTE DO CÍRCULO p. 96

BIOGRAFIAS EM 3 SEG
HÍPIAS DE ELIS
c. 450 a.C.- ?

EUCLIDES
c. 325-265 a.C.

ARQUIMEDES
c. 287-c. 212 a.C.

TEXTO DE 30 SEG
David Perry

Apenas com régua e compasso, você consegue facilmente bipartir um ângulo ou construir um hexágono regular. Você não consegue, porém, realizar a quadratura do círculo.

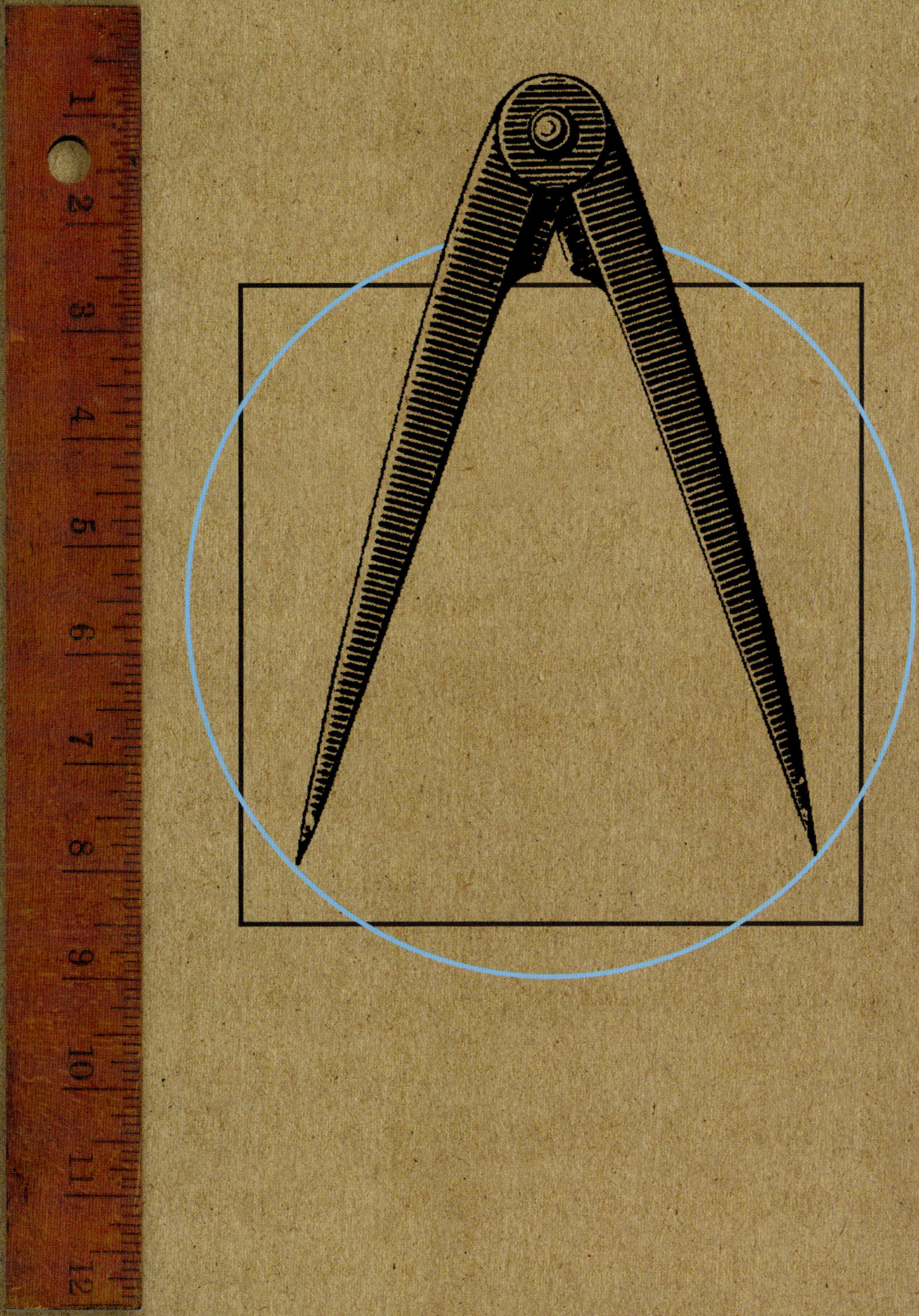

RETAS PARALELAS

SOMA EM 3 SEG
Retas paralelas são retas em um plano que podem ser estendidas para sempre sem se encontrar, como trilhos de trens. Seu comportamento desempenha um papel decisivo em diferentes formas de geometria.

ADIÇÃO EM 3 MIN
A geometria hiperbólica, com sua abundância de retas paralelas, fascinou os geômetras. Ela encontrou seu lugar na física do século XX na nova teoria da relatividade especial, de Einstein. Hermann Minkowski mostrou que a geometria do Universo é fundamentalmente hiperbólica. Ela não se mostra imediatamente dessa forma, mas quando partimos da perspectiva de que todos os sistemas inerciais de referência são equivalentes, a natureza hiperbólica do movimento fica patente.

As retas paralelas acabaram por ocupar o centro das atenções n'*Os elementos* de Euclides, obra em que buscou construir a geometria de um plano bidimensional a partir de princípios elementares. Euclides começou com os cinco postulados fundamentais da geometria. A partir deles, deduziu fatos que se tornaram familiares a gerações de estudantes, como o teorema dos ângulos correspondentes: se um par de retas paralelas é cruzado por uma terceira reta, os ângulos nas posições correspondentes são iguais. O quinto axioma euclidiano, conhecido como "postulado das paralelas", diz que, se você traçar uma linha reta e então tomar um ponto fora dela, só existe uma paralela possível que pode ser traçada através desse ponto. Se você experimentar fazer isso em um pedaço de papel, vai ser facilmente persuadido de que o axioma é verdadeiro, mas por milhares de anos geômetras tentaram demonstrá-lo, pois estavam convencidos de que se tratava de uma consequência dos outros quatro postulados mais simples. Foi apenas no século XIX que Gauss, Bolyai e Lobachevsky descobriram, de maneira independente, uma forma inteiramente nova de geometria que satisfazia os quatro primeiros axiomas de Euclides, mas na qual não valia o postulado das paralelas. Nessa geometria "hiperbólica" não euclidiana, há um número infinito de retas que passam através de um único ponto e são paralelas a outra reta dada.

TEORIA RELACIONADA
OS ELEMENTOS DE EUCLIDES
p. 94

BIOGRAFIAS EM 3 SEG
EUCLIDES
c. 325-265 a.C.

CARL FRIEDRICH GAUSS
1777-1855

NIKOLAI LOBACHEVSKY
1796-1856

JÁNOS BOLYAI
1802-1860

HERMANN MINKOWSKI
1864-1909

TEXTO DE 30 SEG
Richard Elwes

Retas paralelas estão entre os padrões geométricos mais familiares e são as chaves para mundos geométricos mais estranhos.

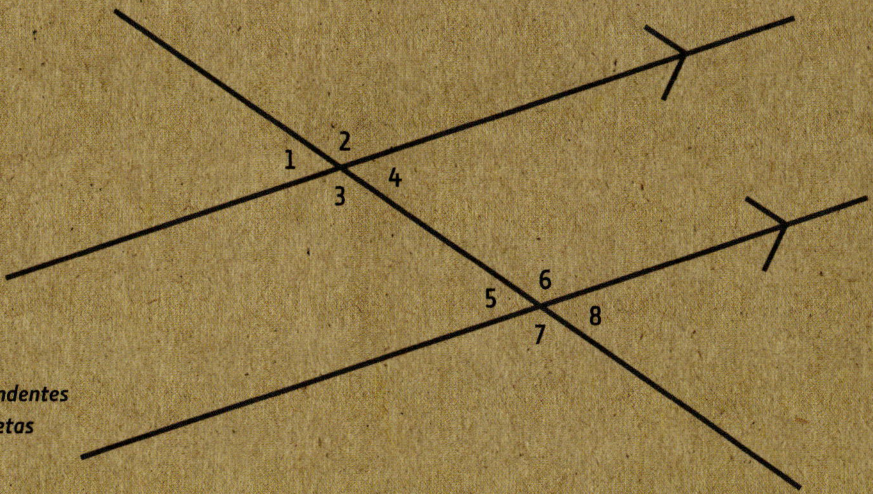

> *Ângulos correspondentes determinados por retas paralelas*

> *O disco de Poincaré exemplifica as retas paralelas hiperbólicas*

GRÁFICOS

Na matemática, o uso mais comum dos gráficos é o de representar visualmente funções matemáticas. Em outros campos, da biologia aos negócios, eles são empregados sobretudo para exibir dados. Gráficos matemáticos são tradicionalmente exibidos em duas dimensões, por meio de dois eixos perpendiculares chamados de x e y. Um ponto qualquer no plano pode ser especificado por meio de um par ordenado (x, y) que informa sua distância aos eixos x e y.
O mesmo conceito é usado para exibir informações em três dimensões com o acréscimo de um terceiro eixo convencionalmente chamado de z. Esse sistema, conhecido como coordenadas cartesianas, recebeu o nome de seu inventor, o matemático e filósofo francês René Descartes. Pierre de Fermat, contemporâneo de Descartes, desenvolveu ideias similares de forma independente. Entretanto, talvez quem deva realmente receber o crédito pela invenção do gráfico é Nicole d'Oresme, que, três séculos mais cedo, usou eixos horizontais e verticais para provar graficamente uma regra relacionando as distâncias percorridas por dois objetos que se moviam em velocidades diferentes. Quando Descartes percebeu o potencial do gráfico, teve lugar um desenvolvimento seminal na história da matemática, com a junção de números e figuras geométricas. Isso tornou possível a representação de tais figuras juntamente com equações, unindo a álgebra e a geometria para inaugurar o campo da geometria analítica.

SOMA EM 3 SEG

Um gráfico é uma representação visual da relação entre duas ou mais variáveis.

ADIÇÃO EM 3 MIN

Existem outros sistemas de coordenadas além do cartesiano, como as coordenadas polares, nas quais são especificadas uma coordenada radial r e uma coordenada angular Θ. Elas permitem uma solução mais simples para problemas relacionados a fenômenos que irradiam de um ponto, como o da força de uma antena. De maneira mais ampla, qualquer mapa também pode ser considerado uma espécie de gráfico, uma vez que representa visualmente, de forma geometricamente organizada, as localizações gráficas.

TEORIAS RELACIONADAS

NÚMEROS IMAGINÁRIOS
p. 18
FUNÇÕES
p. 46
CÁLCULO
p. 50
RETAS PARALELAS
p. 106

BIOGRAFIAS EM 3 SEG

NICOLE D'ORESME
c. 1320-1382

RENÉ DESCARTES
1596-1650

PIERRE DE FERMAT
1601-1665

TEXTO DE 30 SEG

Robert Fathauer

A descrição algébrica de uma elipse específica (acima) e a figura geométrica a ela associada, com o uso de coordenadas cartesianas.

$$\frac{(x-1)^2}{4^2} + \frac{(y-2)^2}{3^2} = 1$$

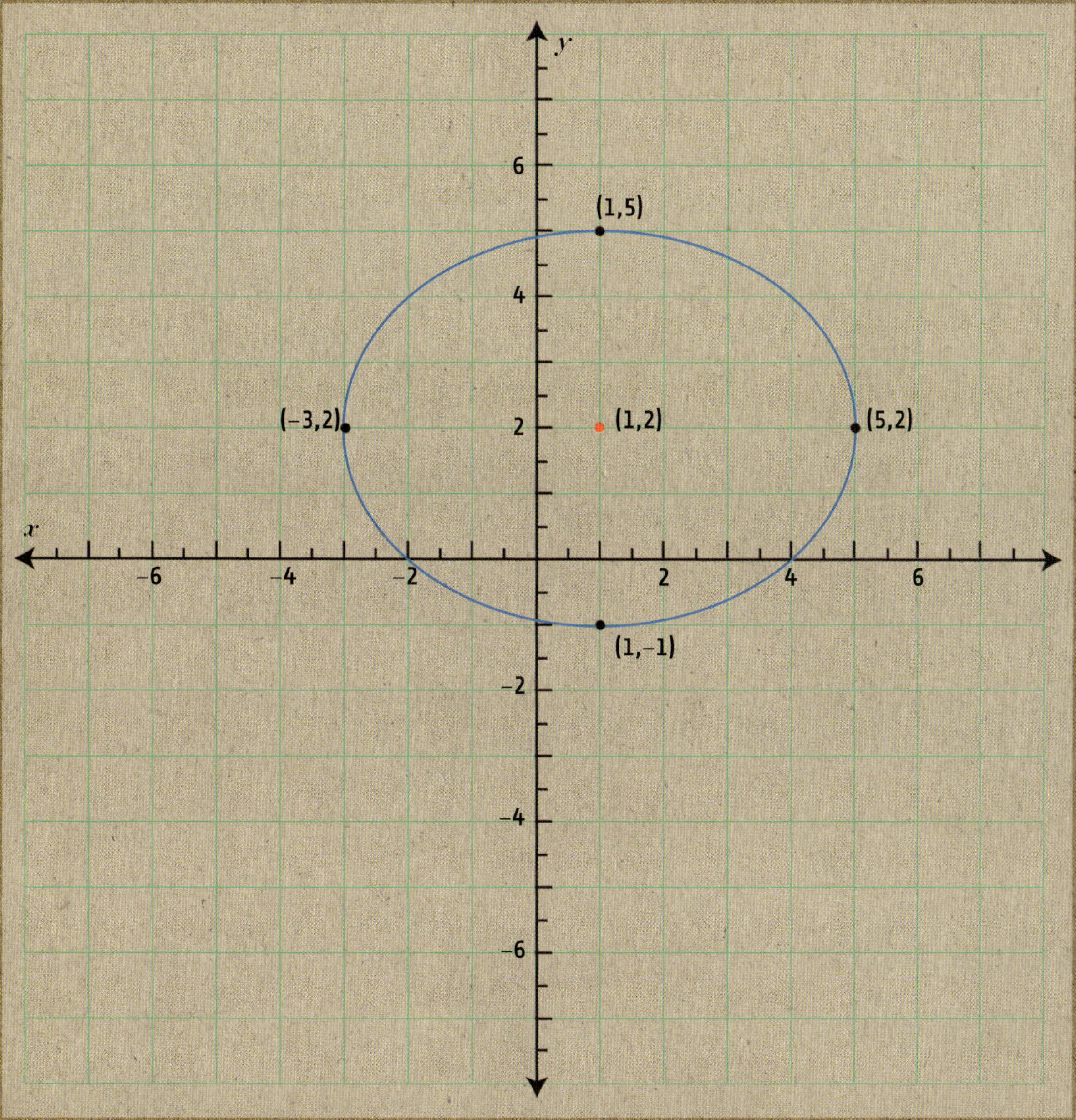

UMA OUTRA DIMENSÃO

UMA OUTRA DIMENSÃO
GLOSSÁRIO

axioma Proposição ou afirmação tida como autoevidente ou que foi aceita como verdadeira mesmo sem provas.

característica de Euler Na topologia, termo usado para descrever os dados topológicos específicos de uma forma. Para poliedros tridimensionais, ela é dada pela equação $V - E + F =$ característica de Euler, na qual V é o números de vértices, E é o número de arestas e F é o número de faces.

cubo Sólido com seis lados, sendo cada qual um quadrado regular. Os cubos são um dos cinco sólidos platônicos.

dimensão fractal Tamanho ou dimensão de um conjunto fractal, que pode ser um número entre dois números naturais. A dimensão fractal é uma medida da autossemelhança aparente de um fractal.

dodecaedro Termo normalmente usado para descrever um poliedro regular de doze faces, todas com a forma de um pentágono. Dodecaedros são um dos cinco sólidos platônicos. Um dodecaedro romboide é um exemplo de dodecaedro irregular.

fatorial O produto de uma série de inteiros positivos decrescentes, tal como $6 \times 5 \times 4 \times 3 \times 2 \times 1$. O símbolo para a fatorial é !, de modo que $4! = 4 \times 3 \times 2 \times 1 = 24$.

floco de neve de Koch Na geometria fractal, um dos primeiros fractais. Cada lado de um triângulo equilátero sofre uma iteração (uma operação que se repete) na qual o terço central é substituído por um motivo composto de duas linhas que se encontram em um ponto fora do corpo do triângulo original, de maneira a formar um novo triângulo equilátero com um terço da dimensão do anterior. Esse processo é repetido infinitamente.

garrafa de Klein Objeto com uma superfície fechada que tem apenas um lado e não tem bordas. A garrafa de Klein não pode ser visualizada em três dimensões sem cruzar a si mesma. Ela recebe o nome do matemático alemão Felix Klein, que descreveu essa superfície pela primeira vez em 1882.

icosaedro Um poliedro regular composto de vinte faces, todas com a forma de um triângulo equilátero. Icosaedros são um dos cinco sólidos platônicos.

iteração Operação que se repete e toda vez realiza a mesma tarefa.

número complexo Qualquer número que contém componentes numéricos reais e imaginários, como $a + bi$, no qual a e b representam um número real qualquer e i representa $\sqrt{-1}$.

octaedro Termo normalmente usado para se referir a um poliedro regular composto de oito faces, sendo cada qual um triângulo equilátero. Octaedros são um dos cinco sólidos platônicos.

polígono Qualquer figura bidimensional com três lados ou mais.

poliedro Qualquer sólido com quatro ou mais faces poligonais. Nos poliedros regulares, como os cinco sólidos platônicos, as faces são polígonos regulares.

polinômio Expressão que usa números e variáveis e permite apenas as operações de adição, multiplicação e expoentes inteiros positivos, por exemplo, x^2. Veja *Equações polinomiais*, p. 80.

polinômio de Jones Na teoria dos nós, um polinômio que descreve certas características de nós específicos.

tetraedro Termo normalmente usado para se referir a um poliedro regular composto de quatro faces, sendo cada uma delas um triângulo equilátero (daí seu outro nome, pirâmide triangular). Tetraedros são um dos cinco sólidos platônicos.

toro Na geometria, figura com o formato de uma rosca.

vértice Qualquer ponto angular ou quina em um polígono ou poliedro.

SÓLIDOS PLATÔNICOS

Não é tão difícil unir diferentes polígonos regulares uns aos outros para formar um sólido. Pense em uma bola de futebol comum, com seus hexágonos e pentágonos interligados. Fazê-lo com um único formato poligonal, entretanto, é mais difícil. De fato, só há cinco maneiras possíveis: o cubo, com seis faces quadradas; o tetraedro, o octaedro e o icosaedro, com quatro, oito e vinte triângulos equiláteros, respectivamente; e o dodecaedro, com doze pentágonos. Os gregos antigos estudaram essa coleção com afinco. Platão escreveu sobre eles em seu diálogo *Timeu*, e imagina-se que Teeteto (um contemporâneo de Platão) foi o primeiro a produzir uma prova de que não existem outros. A ideia? Se mais de dois polígonos equiláteros se encontram, isso deve ocorrer em um canto ou vértice. Em um canto, a soma dos ângulos dos polígonos que se encontram ali deve ser menor que 360° (a soma não pode ser maior, e com 360° o formato seria plano). Isso impõe várias restrições. Qualquer polígono regular com seis ou mais lados tem um ângulo de mais de 120°. Três deles juntos já não funcionariam! E existem pouquíssimas maneiras de os polígonos equiláteros restantes se encontrarem da maneira desejada. De fato, as pouquíssimas são apenas cinco!

SOMA EM 3 SEG

Um sólido platônico é um sólido tridimensional cujas faces são polígonos regulares bidimensionais.

ADIÇÃO EM 3 MIN

No *Timeu*, Platão equiparou esses "poliedros" aos cinco "elementos" naturais de sua época: o cubo à terra, o tetraedro ao fogo, o octaedro ao ar, o icosaedro à água e o dodecaedro ao éter, elementos dos quais o Universo foi feito. Nos tempos modernos, todos esses sólidos encontraram lugar em nossos jogos, na medida em que são as formas perfeitas para os dados que lançamos quando precisamos escolher números aleatoriamente.

TEORIA RELACIONADA

ARQUIMEDES DE SIRACUSA
p. 122

BIOGRAFIAS EM 3 SEG

PITÁGORAS
c. 570-c. 490 a.C.

PLATÃO
c. 429-347 a.C.

ARQUIMEDES
c. 287-c. 212 a.C.

TEXTO DE 30 SEG

Richard Brown

Conheça os cinco sólidos platônicos – em sentido horário a partir da esquerda: o cubo, o tetraedro, o dodecaedro, o icosaedro e o octaedro.

TOPOLOGIA

SOMA EM 3 SEG
Assim como a geometria, a topologia, ou a geometria da folha de borracha, é o estudo dos formatos. A diferença é que os topologistas classificam dois formatos como um só, se um pode se transformar no outro sem se rasgar.

ADIÇÃO EM 3 MIN
Um importante dado topológico é a "característica de Euler" de um formato. Ele envolve desenhar pontos e conectá-los por meio de arestas. Em uma esfera, poderíamos desenhar dois pontos e duas arestas, dividindo a superfície em duas faces. Um fato fundamental afirma que, com V pontos, E arestas e F faces, é necessariamente verdade que $V - E + F = 2$ em uma esfera topológica qualquer (um cubo tem $V = 8$, $E = 12$, e $F = 6$). Um toro, por sua vez, tem uma característica de Euler 0, o que significa que $V - E + F = 0$.

Na topologia, um cubo, uma pirâmide e uma esfera são a mesma coisa. A razão disso é que os topologistas não estão interessados nos detalhes geométricos de um formato (comprimento, área, ângulo ou curvatura). Ao contrário, a topologia se concentra nos aspectos globais de um formato e em informações que não se alteram quando ele é esticado ou torcido (mas nunca recortado ou colado). Que características de um formato podem sobreviver a esse processo? Informações topológicas típicas são o número e o tipo de buracos em um formato. Por exemplo, um "i" minúsculo consiste em duas partes separadas por um vão, e a transformação topológica não permite que esse vão seja fechado. Assim, enquanto o "i" é equivalente ao "j" e ao número "11", ele não é equivalente ao "L" ou ao "3". O buraco em um "O", por sua vez, também não pode ser removido, o que o torna topologicamente idêntico a um "A" e um "9", mas não a um "8", que tem dois buracos. O mapa do metrô de Londres é um exemplo da topologia em ação. A geografia exata da cidade é eliminada, permitindo que características topológicas essenciais, como a ordem das estações e os pontos de interseção das diferentes linhas, sejam exibidas de forma clara.

TEORIAS RELACIONADAS
A FITA DE MÖBIUS
p. 120
TEORIA DOS NÓS
p. 130
A CONJECTURA DE POINCARÉ
p. 146

BIOGRAFIAS EM 3 SEG
LEONHARD EULER
1707-1783
JULES HENRI POINCARÉ
1854-1912
FELIX HAUSDORFF
1868-1942
MAURICE RENÉ FRÉCHET
1878-1973
LUITZEN EGBERTUS JAN BROUWER
1881-1966

TEXTO DE 30 SEG
Richard Elwes

Qual é a diferença entre uma esfera e um cubo? Para um topologista, nenhuma.

OS TIJOLOS DE EULER

SOMA EM 3 SEG
Um tijolo é um formato construído de seis retângulos. O matemático suíço Leonhard Euler estava interessado em tijolos especiais com dimensões que são todas números inteiros.

ADIÇÃO EM 3 MIN
Quer tijolos perfeitos existam ou não, certamente não há exemplos "pequenos". Com o uso de computadores, matemáticos estabeleceram que, se existe um tijolo de Euler perfeito, um de seus lados deve ter mais de 1 trilhão de unidades de comprimento. A coisa mais próxima disso encontrada até o momento é um paralelepípedo perfeito, construído de dois retângulos com quatro paralelogramos (parecidos com retângulos, mas com lados não perpendiculares). Todas as suas dimensões e diagonais são números inteiros.

É fácil desenhar um retângulo em que a altura e a largura sejam, ambas, números inteiros. Mas é mais difícil se quisermos também que a diagonal dele seja um número inteiro. Se tentarmos com um quadrado de 1 cm de largura e 1 cm de altura, então a diagonal fica em torno de 1,41 cm – na verdade, $\sqrt{2}$ cm, pelo teorema de Pitágoras. Isso ocorre com todo quadrado: se os lados são números inteiros, a diagonal não pode sê-lo. Isso também é verdade para muitos retângulos, mas há exceções. Um de 3 cm de largura e 4 cm de altura tem uma diagonal de exatamente 5 cm. Outro tem lados de 5 cm e 12 cm, com uma diagonal de 13 cm. Euler queria um tijolo no qual todas as arestas fossem números inteiros, assim como as diagonais de cada face. O primeiro foi descoberto por Paul Halcke em 1719. Com 44 unidades de altura, 117 de largura e 240 de comprimento, apresenta em suas faces diagonais de 125, 244 e 267. Desde então, outros exemplos têm sido encontrados. Um desafio posterior é fazer com que a diagonal interna (a distância interna de um canto ao canto oposto) também seja um número inteiro. Um tijolo como esse seria chamado de perfeito. Infelizmente, ninguém encontrou ainda um tijolo de Euler perfeito – na verdade, nem sabemos se existe um.

TEORIAS RELACIONADAS
TEORIA DOS NÚMEROS
p. 30
PITÁGORAS
p. 100
TRIGONOMETRIA
p. 102

BIOGRAFIAS EM 3 SEG
PAUL HALCKE
morto em 1731

LEONHARD EULER
1707-1783

CLIFFORD REITER
1957-

TEXTO DE 30 SEG
Richard Elwes

Todo mundo sabe qual é a aparência de um tijolo. Mas alguém já viu um tijolo perfeito? Os matemáticos não.

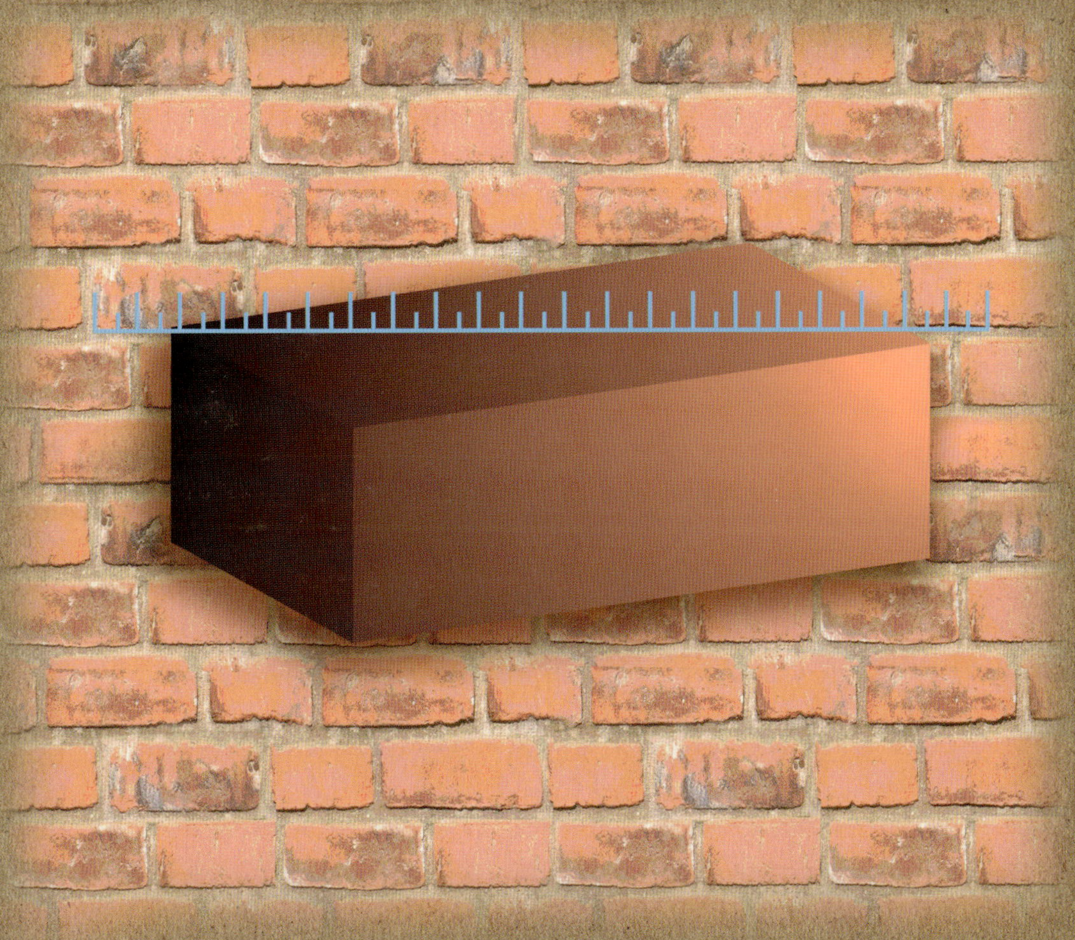

A FITA DE MÖBIUS

SOMA EM 3 SEG
O estranho anel torcido de Möbius, com um lado só, é o passaporte para um mundo de formatos exóticos.

ADIÇÃO EM 3 MIN
Pegue uma esfera, faça dois buracos nela e conecte suas bordas com um cilindro. Você acabou de criar um toro (um formato de rosca). Pegue outra esfera, faça um único buraco e costure uma fita de Möbius ao longo da borda (infelizmente, isso é impossível de ser feito no espaço tridimensional). Trata-se de um fato fundamental da topologia o de que todas as superfícies podem ser produzidas a partir de uma esfera, por meio da repetição desses processos de abrir buracos e depois costurar cilindros ou fitas de Möbius neles.

Comece com uma fita de papel retangular. Se você colar uma ponta na outra, isso vai produzir um anel comum, cilíndrico. Mas, se fizer um meio giro na fita antes de juntar as pontas, obterá algo muito mais instigante: uma fita de Möbius. O que é interessante nessa simples faixa de papel é que ela tem apenas um lado e uma borda! Se você começar a traçar uma linha ao longo do centro da fita, ela vai cruzar tanto o lado "de dentro" como o "de fora" antes de reencontrar seu começo, uma vez que os dois lados são, na verdade, o mesmo. Você pode estar se perguntando sobre o que aconteceria se fizesse um corte ao longo dessa linha central. Na verdade, cortar a fita não produz duas novas voltas, mas apenas uma. Tente e veja! As fitas de August Möbius fascinaram crianças e adultos desde que ele as descobriu, em 1858. Mas, para os matemáticos, a importância das fitas reside nos outros formatos que podem ser construídos a partir delas. Se você pegar duas fitas de Möbius e colá-las uma na outra ao longo de suas bordas, vai produzir uma superfície de um só lado conhecida como garrafa de Klein. O único problema é que é impossível fazer isso no espaço tridimensional, sem que a superfície da garrafa atravesse a si mesma.

TEORIAS RELACIONADAS

TOPOLOGIA
p. 116
TEORIAS DOS NÓS
p. 130
A CONJECTURA DE POINCARÉ
p. 146

BIOGRAFIAS EM 3 SEG
LEONHARD EULER
1707-1783
AUGUST FERDINAND MÖBIUS
1790-1868
JOHANN BENEDICT LISTING
1802-1882
FELIX KLEIN
1849-1925

TEXTO DE 30 SEG
Richard Elwes

Uma volta com uma torção, a fita de August Möbius tem causado perplexidade e deleite desde que foi descoberta.

c. 287 a.C.
Nasce em Siracusa

c. 270 a.C.
Estuda em Alexandria, Egito (provavelmente)

c. 212 a.C.
Morre no cerco de Siracusa

c. 530 d.C.
Primeira coletânea abrangente de suas obras, por Isidoro de Mileto

século VI d.C.
Comentários escritos por Eutócio de Ascalão acerca das obras de Arquimedes sobre a esfera e o cilindro, sobre a quadratura da parábola e sobre o equilíbro dos planos

1906
Palimpsesto de Arquimedes descoberto em Constantinopla

29 de outubro de 2008
Todas as informações relativas a Arquimedes contidas no palimpsesto são disponibilizadas gratuitamente na internet

ARQUIMEDES DE SIRACUSA

Na imaginação popular,

Arquimedes é o inventivo engenheiro que pulou de sua banheira e, ainda pingando, correu nu pelas ruas gritando "Eureca!" (eu achei), depois de ter descoberto uma maneira de determinar o volume de um objeto irregular (ao medir a quantidade de água que ele desloca). Como a maioria das histórias interessantes, essa provavelmente não é verdadeira; porém ele descobriu o que hoje é conhecido como princípio de Arquimedes (uma lei da hidrostática): o peso da água que um corpo desloca quando imerso em um fluido é igual ao peso que ele perde como efeito do empuxo. O matemático prático mais conhecido da Grécia antiga também é famoso pelo sistema de bombeamento em parafuso que leva seu nome (baseada nas propriedades de elevação da espiral) e pela explicação do princípio da alavanca. Ele também inventou armas militares, como a "garra de Arquimedes" (um guindaste que içava navios inimigos para fora da água) e o "raio de calor" (uma grande fileira de espelhos dispostos de modo a captar e concentrar os raios do sol para assim atear fogo a uma frota inimiga); embora seja duvidoso que qualquer uma delas tenha funcionado.

Embora sua obra fosse conhecida pelos estudiosos gregos e familiar aos estudiosos medievais (fora posta no papel em VI d.C.), até pouco tempo atrás os matemáticos modernos apenas podiam conjecturar, por extrapolação retrospectiva, que tais invenções estavam fundadas em teorias matemáticas consistentes. Apenas em 1906, quando o palimpsesto de Arquimedes foi descoberto, os detalhes do trabalho teórico do matemático vieram à luz. Parte dele foi decifrado nos anos 1910, mas as técnicas modernas de tratamento de imagens finalmente revelaram tudo o que é conhecido dos métodos de Arquimedes, mostrando como ele chegou perto de determinar o valor de π, seu método para calcular a área sob uma parábola, a invenção da miríade e a prova que lhe deu mais satisfação: a de que uma esfera tem dois terços do volume e da área de superfície de um cilindro de mesma altura e diâmetro (incluindo as bases). Uma esfera e um cilindro esculpidos apareciam no túmulo de Arquimedes (hoje perdido), que permanecera abandonado até ser encontrado e restaurado pelo orador Cícero em 75 a.C., muito depois que um fervoroso soldado romano matou o sábio durante o cerco de Siracusa.

FRACTAIS

SOMA EM 3 SEG
Um fractal é um objeto abstrato ou físico que exibe uma estrutura similar em diferentes ampliações.

ADIÇÃO EM 3 MIN
A ideia de iterar um conjunto simples de instruções a fim de criar objetos complicados é muito eficiente, e muitos objetos na natureza exibem um caráter fractal em uma faixa limitada de ampliação. Entre eles encontramos estruturas ramificadas como árvores, redes hidrográficas e o sistema cardiovascular humano. O litoral da Grã-Bretanha é um exemplo de curva fractal. Superfícies fractais são encontradas nos brócolis, nas montanhas e nas nuvens.

No final do século XIX e início do século XX, matemáticos criaram uma variedade de constructos difíceis de compreender com a matemática da época. O conjunto de Cantor é um conjunto infinito de pontos obtido por um processo que parte de um segmento de reta e consiste em remover seu terço central, depois os terços centrais dos dois pedaços restantes e assim sucessivamente. Esse processo de repetir o mesmo passo ou série de passos é chamado iteração, sendo de fundamental importância para os fractais – entre os primeiros exemplos destes estão curvas como as de Koch e Peano e o triângulo de Sierpinski, que mantém relação com o triângulo de Pascal. Na curva de Koch (relacionada ao floco de neve de Koch), cada segmento em linha reta é substituído, a cada iteração, por quatro segmentos de um terço de seu tamanho, de modo que o comprimento da curva aumenta. Diz-se que esses objetos têm dimensão fractal, por exemplo, entre a de uma reta regular e a de um plano. A aplicação da iteração a funções simples como $x^2 + c$, na qual x e c são números complexos (que possuem tanto partes reais como imaginárias), seguida do uso dos resultados para traçar um gráfico no plano complexo, dá origem a belos e complicados objetos: os conjuntos de Julia. Benoît Mandelbrot usou computadores para visualizar esses conjuntos, assim como o aparentado conjunto de Mandelbrot, e desenvolveu os fractais como um ramo distinto da geometria na matemática.

TEORIAS RELACIONADAS

NÚMEROS IMAGINÁRIOS
p. 18
INFINITO
p. 38
FUNÇÕES
p. 46
GRÁFICOS
p. 108

BIOGRAFIAS EM 3 SEG
GEORG CANTOR
1845-1918

HELGE VON KOCH
1870-1924

WACLAW SIERPINSKI
1882-1969

GASTON JULIA
1893-1978

BENOÎT MANDELBROT
1924-2010

TEXTO DE 30 SEG
Robert Fathauer

Os quatro primeiros passos na construção iterativa do fractal clássico conhecido como curva de Koch.

GEOMETRIA DO ORIGAMI

SOMA EM 3 SEG
A geometria do origami é a matemática da arte de dobrar um pedaço de papel, geralmente quadrado, para criar uma forma mais complexa.

ADIÇÃO EM 3 MIN
A matemática do origami tem sido usada para lidar com vários problemas de engenharia no mundo real. Um painel solar dobrável, inspirado no origami, foi usado em um satélite japonês. Técnicas de origami têm sido empregadas para determinar qual a forma ideal de dobrar um airbag de modo que ele seja acionado corretamente em uma colisão automobilística. Um *stent* inspirado no origami foi desenvolvido para alargar artérias e veias obstruídas. Também há o projeto de uma lente fina desdobrável de plástico para uso em um telescópio espacial de grande alcance.

O origami, a secular arte japonesa de dobrar papel, é intrinsecamente geométrico. Nas últimas décadas, a matemática do origami sofreu numerosos avanços. Huzita, Justin e Hatori formularam um conjunto de axiomas para essa arte, de forma parecida com aquela pela qual os axiomas da geometria foram formulados. Além disso, teoremas matemáticos que abordam questões teóricas sobre o origami foram provados nos últimos anos. Algoritmos que ajudam a encontrar soluções ótimas para a dobradura de figuras complexas foram desenvolvidos por Lang e outros, juntamente com programas de computador que os utilizam. Desse modo, é possível produzir padrões de vincos que indicam as dobras necessárias – e o sentido em que devem ser feitas – para se obter a forma desejada. Enquanto o origami se concentrou tradicionalmente na criação de formas que representavam animais e plantas, o objetivo primário de algumas técnicas modernas dessa arte são as formas geométricas. Nos mosaicos de origami, uma grade de vincos é usada como ponto de partida na criação de formas geométricas que frequentemente envolvem repetições. Shuzo Fujimoto é amplamente reconhecido como o iniciador dessa vertente. No origami modular, múltiplos módulos geométricos, cada um deles composto de uma única folha de papel, são combinados para formar modelos mais complexos.

TEORIAS RELACIONADAS

ALGORITMOS
p. 84
OS ELEMENTOS DE EUCLIDES
p. 94
SÓLIDOS PLATÔNICOS
p. 114

BIOGRAFIAS EM 3 SEG
SHUZO FUJIMOTO
1922-

HUMIAKI HUZITA
1924-2005

ROBERT LANG
1961-

TEXTO DE 30 SEG
Robert Fathauer

Um mosaico de origami no qual uma única folha de papel foi dobrada de forma a criar um padrão repetitivo de quadrados.

O CUBO MÁGICO

SOMA EM 3 SEG
O cubo mágico é um quebra-cabeça de permutação mecânica cuja solução consiste em arranjar as peças de modo que cada uma das faces do cubo 3 x 3 esteja uniformemente colorida.

ADIÇÃO EM 3 MIN
Além do cubo mágico original, de 3 × 3, também têm sido produzidos cubos de 2 × 2, 4 × 4, 5 × 5, 6 × 6 e 7 × 7. O número de permutações para o cubo de 7 × 7 ultrapassa 10^{160} (1 seguido de 160 zeros!). Existem outras versões cuboides de 2 × 2 × 3, 3 × 3 × 2 e 3 × 3 × 4. Também têm sido fabricadas versões baseadas no tetraedro, no octaedro, no dodecaedro e no icosaedro. Entre outras versões poliédricas estão o rombicuboctaedro, o tetraedro truncado, o octaedro truncado e o cuboctaedro estrelado.

O cubo mágico foi criado por Ernö Rubik em 1974 e comercializado em seu país natal, a Hungria, a partir de 1977. Em 1980, a Ideal Toy Company adquiriu os direitos do invento, e hoje já foram vendidos mais de 300 milhões de unidades ao redor do mundo. Um mecanismo de pivô permite que cada uma das seis faces do cubo seja rodada de forma independente. Existem mais de 43 quintilhões (10^{18}) de arranjos possíveis (permutações) das 26 peças. A solução do cubo se torna mais fácil pela memorização de algoritmos que produzem certos resultados desejados, tais como o de alterar as cores de três cantos sem produzir nenhuma outra mudança. Uma notação de movimentos desenvolvida por David Singmaster permite que os algoritmos sejam registrados por escrito. Singmaster também desenvolveu uma das soluções gerais mais populares para o quebra-cabeça. Para os matemáticos, o cubo não é nada mais que a manifestação física de um grupo algébrico. Dessa perspectiva, sua análise mostra que ele pode ser solucionado, a partir de qualquer posição inicial, em não mais que vinte movimentos. Apenas em 2010 foi obtida uma prova matemática desse resultado. O recorde mundial atual (meados de 2013) de solução do cubo pertence a Mats Valk, com um tempo de menos de 6 segundos. Mas a "corrida do cubo" admite variações, como os desafios de resolvê-lo de olhos vendados, usando uma única mão e até mesmo com os pés.

TEORIAS RELACIONADAS
CÁLCULO DAS CHANCES
p. 58
ALGORITMOS
p. 84
CONJUNTOS E GRUPOS
p. 86
SÓLIDOS PLATÔNICOS
p. 114

BIOGRAFIAS EM 3 SEG
DAVID SINGMASTER
1939-
ERNÖ RUBIK
1944-

TEXTO DE 30 SEG
Robert Fathauer

Em um cubo mágico, uma série de giros é realizada a fim de reorganizar o cubo embaralhado de modo que cada uma das faces tenha uma só cor – o número de permutações possíveis é de estonteantes 43 quintilhões!

RUBIK'S
CUBE PUZZLE

TEORIA DOS NÓS

SOMA EM 3 SEG
Corte um laço de barbante, dê alguns nós nele e então reate as pontas. Como podemos saber se dois desses laços com nós são realmente o mesmo? Esse enigma intrigou os cientistas por mais de um século.

ADIÇÃO EM 3 MIN
A matemática da teoria dos nós é muito importante para o mundo mais amplo da ciência. Por exemplo, há nós sendo constantemente atados e desatados por um exército de enzimas nas fitas de DNA em nossas células. Se o DNA fica com muitos nós, as células normalmente morrem. Bioquímicos que querem compreender o que as enzimas estão fazendo devem analisar os nós resultantes com a ajuda da matemática.

Como todo marinheiro e todo escoteiro sabe, há muitos tipos de nó. Todos se distinguem com base no número de vezes que a corda cruza e envolve a si mesma. Na teoria dos nós, a questão central é se dois nós que parecem diferentes são de fato diferentes. Dois laços de corda com nós são considerados o mesmo se um pode ser puxado e esticado de forma a assumir a forma do outro, sem cortar ou colar a corda. O nó mais básico de todos é um laço simples, sem nós. Mas mesmo isso demonstra uma dificuldade fundamental: é fácil fazer esse laço parecer todo emaranhado e com nós (como qualquer um que já pescou pode constatar). Um grande avanço veio em 1984, com a descoberta do polinômio de Jones, que atribui uma expressão algébrica a cada nó, de modo que, se dois nós têm polinômios de Jones diferentes, eles não podem ser o mesmo nó. Isso funciona bem para distinguir um nó de sua imagem espelhada, por exemplo, o que era antigamente um problema difícil. Entretanto, ainda não existe uma técnica conhecida que possa dizer se dois nós quaisquer são o mesmo (alguns nós sabidamente diferentes têm o mesmo polinômio de Jones), ou até mesmo se um nó qualquer realmente está atado!

TEORIA RELACIONADA
TOPOLOGIA
p. 116

BIOGRAFIAS EM 3 SEG
WILLIAM THOMSON (LORDE KELVIN)
1824-1907

JAMES WADDELL ALEXANDER
1888-1971

JOHN CONWAY
1937-

LOUIS KAUFFMAN
1945-

VAUGHAN JONES
1952-

TEXTO DE 30 SEG
Richard Elwes

Nós podem ter muitas formas. Mas é difícil dizer se dois emaranhados são, na realidade, o mesmo.

PROVAS E TEOREMAS

PROVAS E TEOREMAS
GLOSSÁRIO

axioma Proposição ou afirmação tida como autoevidente ou que foi aceita como verdadeira mesmo sem provas.

equação linear Qualquer equação que, quando traçada em um gráfico, resulta em uma linha reta (daí a palavra "linear"). As equações lineares são compostas de termos que ou são constantes, ou são o produto de uma constante por uma variável.

fita de Möbius Superfície que tem um único lado contínuo e uma borda. Pode ser fabricada torcendo um pedaço de papel retangular e unindo suas duas pontas.

garrafa de Klein Objeto com uma superfície fechada que tem apenas um lado e não tem bordas. A garrafa de Klein não pode ser visualizada em três dimensões sem cruzar a si mesma. Ela recebe o nome do matemático alemão Felix Klein, que descreveu essa superfície pela primeira vez em 1882.

hiperesfera Versão tridimensional de uma esfera bidimensional (a superfície de um globo). É uma variedade compacta sem limites ou buracos. A hiperesfera pode ser visualizada apenas em quatro ou mais dimensões. Veja *variedade*.

número complexo Qualquer número que contém componentes numéricos reais e imaginários, como $a + bi$, no qual a e b representam um número real qualquer e i representa $\sqrt{-1}$.

número decimal Qualquer número que contenha uma vírgula decimal – por exemplo, 10,256.

número inteiro Veja *número natural*.

número natural Também conhecido como número de contagem, um número natural é qualquer inteiro positivo em uma reta numérica ou contínuo. Há divergências, no entanto, acerca de o 0 ser ou não um número natural.

número primo Inteiro positivo qualquer que é divisível apenas por 1 e por si mesmo.

número real Qualquer número que expressa uma quantidade ao longo de uma reta numérica ou contínuo. Os números reais compreendem todos os racionais (isto é, números que podem ser expressos como uma razão ou fração, inclusive os inteiros positivos e negativos e os decimais) e os números irracionais (que, como $\sqrt{2}$, não podem ser escritos como uma fração vulgar).

solução não trivial Qualquer solução para uma equação linear na qual nem todas as variáveis da equação são simultaneamente iguais a zero. Uma solução obtida quando todas as variáveis são iguais a zero recebe o nome de trivial.

teorema Verdade matemática estabelecida como consequência lógica de resultados ou de axiomas matemáticos previamente aceitos.

teoria algébrica dos números Ramo da matemática que lida principalmente com as propriedades e relações dos números dentro de estruturas algébricas.

teoria da prova Ramo da lógica matemática que trata as provas como entidades matemáticas autônomas. A teoria da prova desempenha um papel fundamental na filosofia da matemática.

toro Na geometria, figura com o formato de uma rosca.

tripla pitagórica Conjunto qualquer de três inteiros positivos (a, b e c) que segue a regra $a^2 + b^2 = c^2$. A menor e mais conhecida tripla pitagórica é 3, 4 e 5, uma vez que $3^2 + 4^2 = 5^2$.

variedade Forma em que cada região parece um espaço euclidiano ordinário. Existem variedades de todas as dimensões. Uma curva (um círculo, por exemplo) é uma variedade unidimensional, uma vez que cada pequena região se assemelha a uma reta unidimensional. Uma variedade bidimensional é uma superfície (uma esfera, por exemplo) na qual toda porção parece um pedaço de um plano bidimensional. Uma hiperesfera é um exemplo de variedade tridimensional, uma vez que cada pequena região se assemelha a um espaço tridimensional ordinário. Veja *hiperesfera*.

O ÚLTIMO TEOREMA DE FERMAT

SOMA EM 3 SEG

Não existem soluções (não triviais) com números naturais para a equação $x^n + y^n = z^n$ se $n > 2$. Levou mais de três séculos para que os matemáticos provassem a verdade dessa simples afirmação.

ADIÇÃO EM 3 MIN

A afirmação de Fermat não tem nenhum benefício prático óbvio. Entretanto, a dificuldade em obter uma prova atiçou a imaginação de gerações de matemáticos. É fácil argumentar que todo o campo da matemática chamado "teoria algébrica dos números", que resultou em aplicações de grande importância, nasceu para lidar com essa única questão. O trabalho de Wiles se apoiava nos ombros de gigantes, e seu anúncio original ganhou a primeira página do jornal *The New York Times*.

Advogado francês do século XVII e matemático amador, Pierre de Fermat estava estudando uma cópia da *Arithmetica* de Diofanto quando deparou com uma seção a respeito das triplas pitagóricas (quadrados de números naturais que, somados, resultam em outro quadrado, como $3^2 + 4^2 = 5^2$). Havia uma fórmula para gerar todas as triplas desse tipo n'*Os elementos* de Euclides. Fermat alegou que nunca se encontrariam triplas como essas se, em vez de quadrados, fossem usados cubos, a quarta potência e assim por diante. Ele escreveu em sua cópia da *Arithmetica* que possuía uma prova maravilhosa dessa alegação, mas ela não caberia na margem do livro. Mais tarde, publicou uma prova para o caso específico em que $n = 4$, porém nada mais escreveu sobre a demonstração do caso geral. Inúmeros matemáticos gastaram milhares de horas tentando descobri-la desde que as anotações de Fermat vieram a público, após a sua morte, mas o máximo que conseguiram foi mostrar que a equação não tinha soluções para expoentes específicos. Pesos-pesados como Euler e Gauss também forneceram provas para casos especiais. A primeira tentativa sofisticada de resolver o caso geral, para todos os n, foi feita por Sophie Germain no começo do século XIX. O último teorema de Fermat era realmente apenas uma conjectura até 1994, quando finalmente foi provado de forma definitiva pelo matemático britânico Andrew Wiles.

TEORIAS RELACIONADAS

TEORIA DOS NÚMEROS
p. 30
OS ELEMENTOS DE EUCLIDES
p. 94

BIOGRAFIAS EM 3 SEG

PIERRE DE FERMAT
1601-1665

SOPHIE GERMAIN
1776-1831

CARL FRIEDRICH GAUSS
1777-1855

ANDREW WILES
1953-

TEXTO DE 30 SEG

David Perry

A nota marginal de Fermat só foi descoberta após sua morte. O primeiro artigo de Andrew Wiles sobre a prova do teorema de Fermat ocupa 108 páginas – as margens estão vazias.

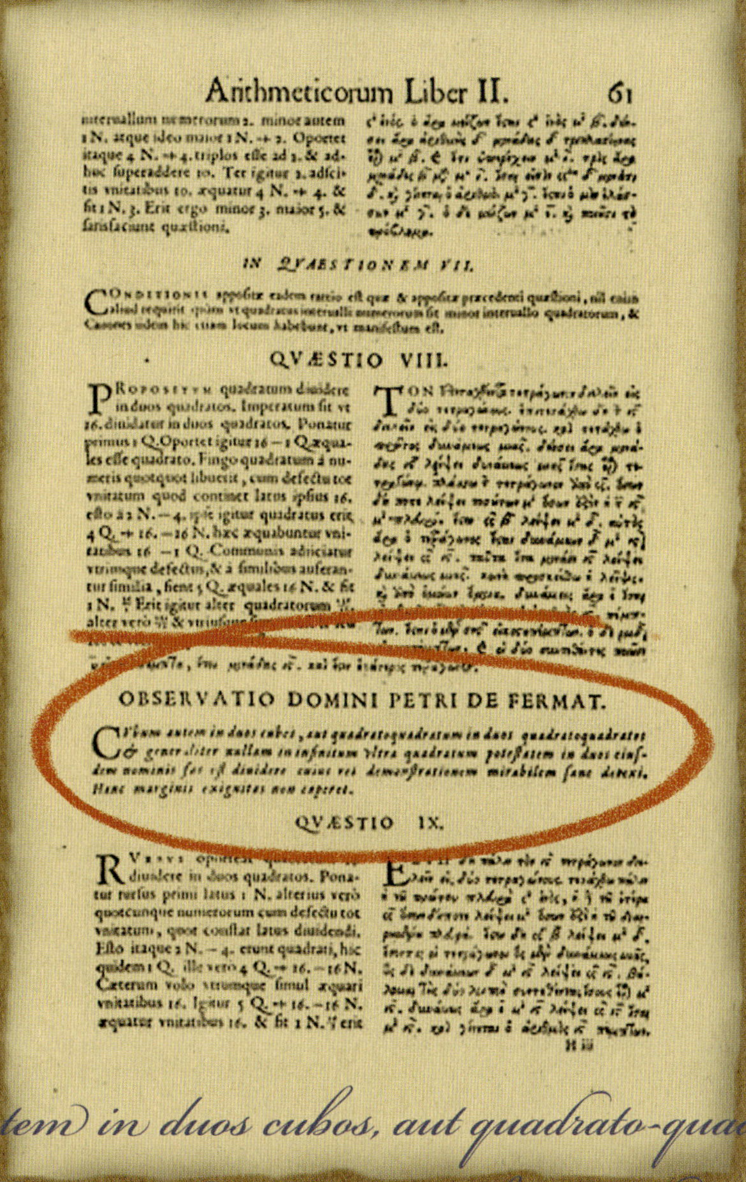
Arithmeticorum Liber II. 61

IN QVAESTIONEM VII.

QVÆSTIO VIII.

OBSERVATIO DOMINI PETRI DE FERMAT.

Cubum autem in duos cubos, aut quadratoquadratum in duos quadratoquadratos & generaliter nullam in infinitum vltra quadratum potestatem in duos eiusdem nominis fas est diuidere cuius rei demonstrationem mirabilem sane detexi. Hanc marginis exiguitas non caperet.

QVÆSTIO IX.

Cubum autem in duos cubos, aut quadrato-quadratum in duos quadrato-quadratos, et generaliter nullam in infinitum ultra quadratum potestatem in duos eiusdem nominis fas est dividere cuius rei demonstrationem mirabilem sane detexi. Hanc marginis exiguitas non caperet.

7 de agosto de 1601
Nasce em Beaumont de Lomagne, Tarn et Garonne, na França

anos 1620
Estuda em Bordeaux

631
Forma-se em direito civil pela Universidade de Orléans

636
É nomeado bibliotecário real, em Paris

636
Circula o manuscrito *Ad locus planos et solidos isagoge* [Introdução aos lugares planos e sólidos], antecipando-se à *Geometria*, de Descartes

654
Corresponde-se com Pascal sobre a teoria da probabilidade

656
Corresponde-se com Huygens

1659
Envia por carta, a Huygens e Carcavi, um relato de suas descobertas no campo da ciência dos números

12 de janeiro de 1665
Morre em Castres

1670
Uma edição da *Arithmetica* de Diofanto é publicada por Samuel Fermat, com notas de Pierre de Fermat

1679
Ad locus planos et solidos isagoge é publicado postumamente em *Varia opera mathematica*

1994
O último teorema de Fermat é provado por Andrew Wiles

PIERRE DE FERMAT

Graças ao mistério que envolveu durante séculos o teorema que leva seu nome, Fermat está entre os matemáticos mais conhecidos pelos não matemáticos. Apesar de ter feito contribuições originais e importantes nos campos da geometria, da probabilidade, da física e do cálculo, e de ser aclamado hoje como o fundador da teoria dos números moderna, conservou orgulhosamente sua condição de amador por toda a vida. Ele comunicava ideias e descobertas em suas correspondências e em manuscritos, e evitava publicá-los durante a vida, possivelmente porque não queria o incômodo de adequar suas notas e teorias ao padrão de publicação. Assim como seu modelo intelectual, François Viète (1540-1603), Fermat atuava de dia como advogado e conselheiro na legislatura de Toulouse. Sua decisão de manter-se fora do mundo acadêmico garantia que não precisasse demonstrar suas provas de forma rigorosa nem sofrer a indignidade de ser avaliado por seus pares – com efeito, alguns colegas diziam que ele não exibia suas provas porque elas não existiam, e que os desafios que ele propunha invariavelmente consistiam em problemas difíceis demais para resolver. A resposta de Fermat foi provar que alguns problemas não tinham soluções. Ele era tido em alta conta pelas celebridades da época, como Beaugard, Cavanci e, quando morou e trabalhou em Paris por um tempo, Mersenne. Newton reconheceu publicamente que não teria chegado ao cálculo diferencial se não fosse o trabalho pioneiro de Fermat acerca das curvas e tangentes e seus avanços no conceito de adequabilidade. O matemático francês manteve uma correspondência famosa com Pascal, em que os dois debateram acerca de um problema relativo a jogos de azar e acabaram desenvolvendo os princípios da teoria da probabilidade. Fermat também teve (inevitavelmente) um embate com Descartes (com certeza, o mais irascível dos matemáticos) sobre a teoria geométrica e acabou expondo sua teoria um ano antes que o filósofo publicasse a dele. Fermat estava certo, mas Descartes, um homem do *establishment*, usou sua influência e seus contatos para atacar-lhe a reputação. Controverso, brilhante e enigmático até o fim da vida, Fermat deixou ao mundo o que parecia ser mais um quebra-cabeça insolúvel: seu famoso e instigante último teorema, rabiscado como se fosse uma reflexão fortuita na margem de um de seus livros, e que permaneceu sem solução por mais de 200 anos depois de sua morte.

O PROBLEMA DO MAPA DE QUATRO CORES

Você desenhou um mapa-múndi e agora deseja colorir os países, mas decide que dois países vizinhos não podem compartilhar a mesma cor. Assim, França, Bélgica, Alemanha e Luxemburgo vão exigir cores diferentes, uma vez que cada um deles divide uma fronteira com os outros três. Dessa forma, serão necessárias ao menos quatro cores diferentes. Você será forçado, em algum momento, a usar uma quinta cor? O teorema das quatro cores afirma que não. Independentemente do tamanho e da complexidade do mapa que você deseja colorir, desde que cada país seja uma região contínua, é possível colorir os países com apenas quatro cores. Apesar do enunciado simples, o teorema das quatro cores é extremamente difícil de ser provado. Foi apenas em 1976, cem anos após ser proposto pela primeira vez, que os matemáticos americanos Kenneth Appel e Wolfgang Haken encontraram uma prova para o teorema. Enquanto quatro cores são suficientes para colorir mapas em uma esfera ou em um plano, não bastam para mapas em outros tipos de superfície. Fabricantes de mapas que querem colorir um toro precisam de até sete cores, ao passo que um mapa em uma fita de Möbius precisa de seis.

SOMA EM 3 SEG

Você só precisa de quatro cores para colorir os países em um mapa, de modo que nações vizinhas não sejam da mesma cor: por que nunca é necessária uma quinta?

ADIÇÃO EM 3 MIN

O teorema das quatro cores é o primeiro grande teorema provado com o auxílio de um computador. Appel e Haken encontraram um argumento matemático que fazia a questão referente à totalidade dos mapas possíveis passar a dizer respeito a uma propriedade de vários milhares de mapas individuais, o que poderia ser checado por um computador. O uso dessa tecnologia nascente despertou um debate, que continua até hoje, sobre se devemos aceitar provas obtidas com o auxílio de computadores como matematicamente válidas.

TEORIA RELACIONADA

TOPOLOGIA
p. 116

BIOGRAFIAS EM 3 SEG

WOLFGANG HAKEN
1928-

KENNETH APPEL
1932-2013

TEXTO DE 30 SEG

Jamie Pommersheim

Ao colorir um mapa, apenas quatro cores bastam para garantir que países fronteiriços não tenham a mesma cor. Os matemáticos levaram um século para provar por que uma quinta cor não é necessária.

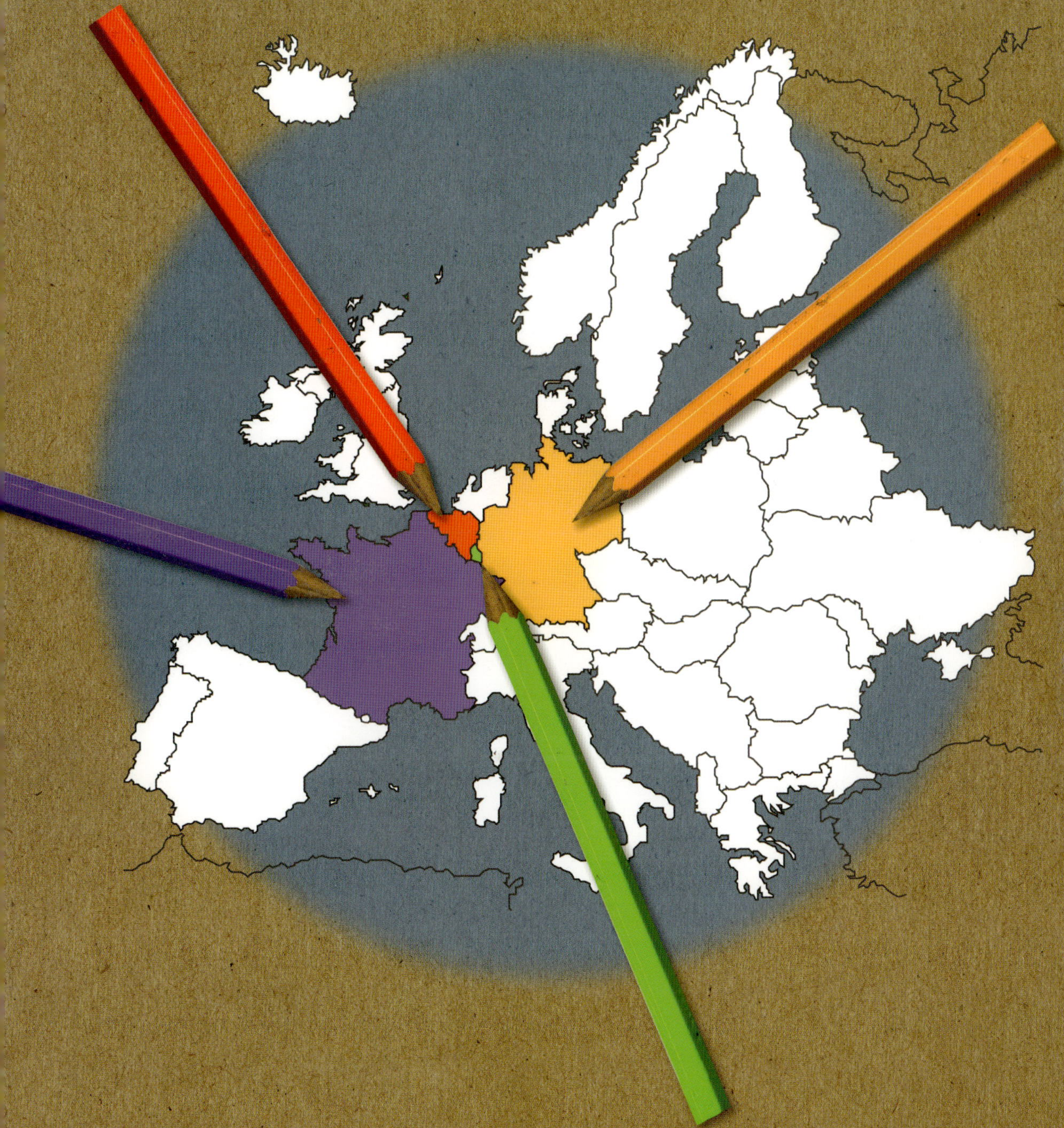

O PROGRAMA DE HILBERT

SOMA EM 3 SEG

David Hilbert esperava usar a lógica que fundamentava a estrutura da aritmética para encontrar a teoria última da matemática. Infelizmente, seus planos estavam fadados ao fracasso.

ADIÇÃO EM 3 MIN

Embora o programa de Hilbert não tenha correspondido às grandes pretensões de seu idealizador, sua obra teve um impacto duradouro na matemática, pois a abordagem "formalista" de tratar sistemas numéricos como jogos despertou um novo interesse pela lógica matemática. Embora não seja possível encontrar uma lógica "finitista" capaz de assegurar a consistência de todos os jogos matemáticos, muitos problemas podem ser tratados por essa abordagem. Os matemáticos de hoje continuam a resgatar resultados positivos do programa de Hilbert.

No começo do século XX, a matemática era vítima de uma "crise de fundamentos". Enquanto os matemáticos estavam resolvendo problemas cada vez mais complexos, certas questões básicas continuavam sem resposta. De onde vêm os números? Quais são suas leis fundamentais? Por que algumas questões sobre os números são tão difíceis? David Hilbert teve uma ideia ousada para encarar esses desafios. Ele queria reduzir a matemática à sua essência pura e simples e tratá-la como nada mais que um jogo. Assim como o xadrez é jogado com peças como peões e torres, o jogo da matemática tem símbolos como seus constituintes básicos: 0, 1, +, ×, = e assim por diante. Ao reduzir a matemática a um jogo de símbolos, esquecendo o que eles "significam", Hilbert procurou descobrir suas regras fundamentais. Ele esperava que, cumprida essa tarefa, fosse possível provar definitivamente a coerência interna desse jogo. Talvez fosse possível ainda mais: encontrar uma estratégia para resolver todos os problemas! Infelizmente, o programa de Hilbert nunca foi realizado. O teorema da incompletude de Kurt Gödel mostrou que um conjunto completo de regras nunca poderia ser estabelecido, e que não seria possível nem mesmo provar a consistência do jogo. Mais tarde, o trabalho de Alan Turing com algoritmos demonstrou que nunca poderia haver um procedimento único capaz de avaliar a verdade de toda e qualquer afirmação matemática.

TEORIAS RELACIONADAS

ALGORITMOS
p. 84
O TEOREMA DA INCOMPLETUDE DE GÖDEL
p. 144

BIOGRAFIAS EM 3 SEG

DAVID HILBERT
1862-1943

WILHELM ACKERMANN
1896-1962

JOHN VON NEUMANN
1903-1957

KURT GÖDEL
1906-1978

ALAN TURING
1912-1954

TEXTO DE 30 SEG

Richard Elwes

Assim como o xadrez, a matemática é só um jogo. Mas quais são suas regras?

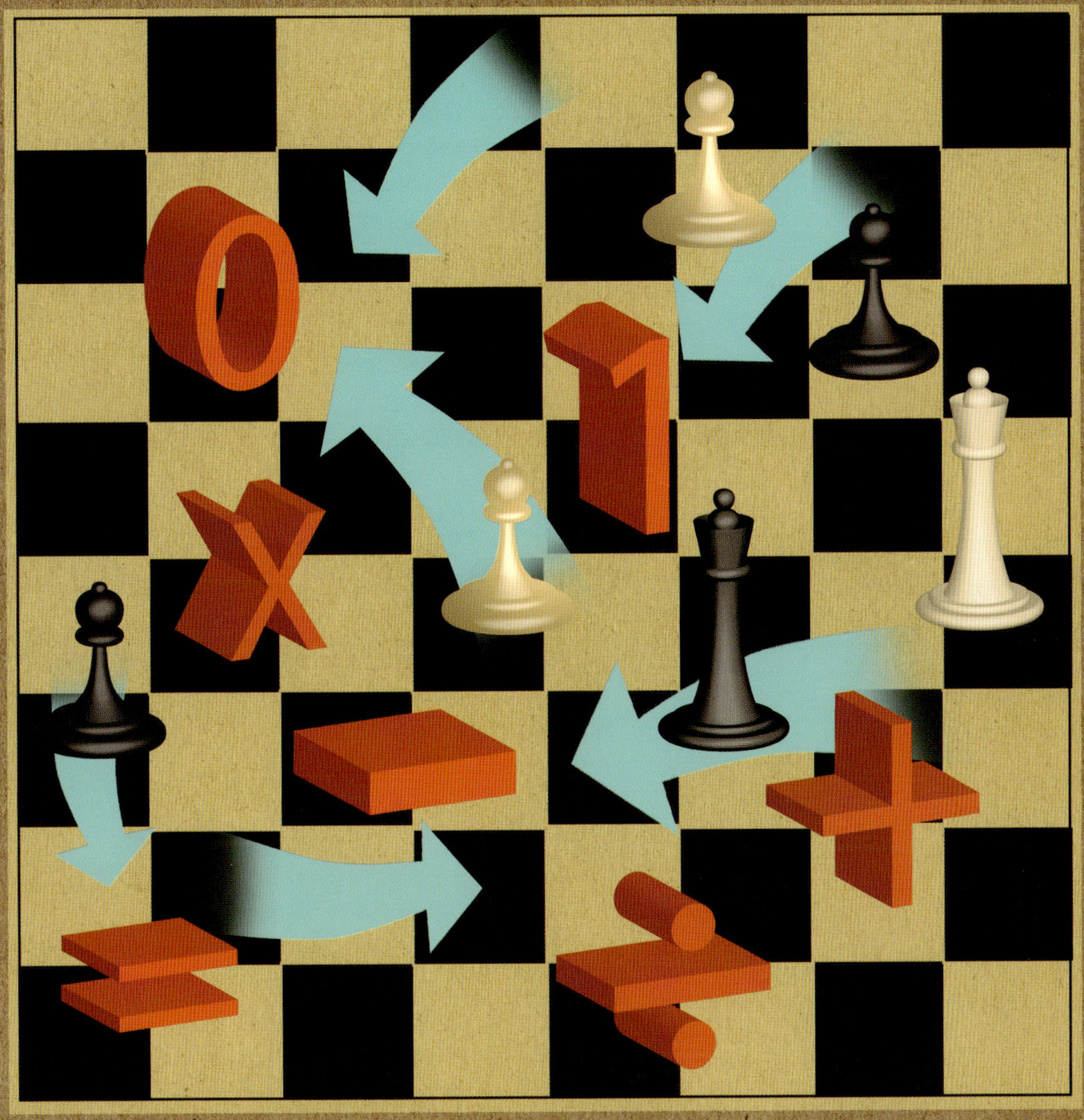

O TEOREMA DA INCOMPLETUDE DE GÖDEL

O componente fundamental da matemática é a aritmética: o sistema dos números naturais 0, 1, 2, 3, ... e as maneiras bem conhecidas de combiná-los: adição, subtração, multiplicação e divisão. Os matemáticos aderiram firmemente a esse sistema por milhares de anos, e no final do século XIX o centro das atenções passou a ser a busca por suas leis fundamentais. O que os matemáticos procuravam era uma lista das regras básicas da aritmética, a partir da qual todos os teoremas em níveis superiores pudessem ser logicamente deduzidos. Apareceram vários candidatos a manual de regras, em especial a obra em três volumes *Principia mathematica*, de Bertrand Russell e Alfred North Whitehead, que procurava construir todo o edifício da matemática, a começar com uma lista de pressupostos fundamentais. Porém, em 1931, Kurt Gödel provou que todas as iniciativas desse gênero estavam fadadas ao fracasso. Ele provou um teorema que afirmava ser impossível formular uma lista completa de regras para a aritmética. Qualquer tentativa estará "automaticamente" incompleta; sempre ficará de fora alguma afirmação sobre os números naturais: embora verdadeira, ela não pode ser deduzida das leis contidas na lista. É claro que seria possível expandir o manual de regras de modo a incorporar essa afirmação como uma nova lei, mas isso ainda deixaria outras lacunas na teoria. O teorema de Gödel garante que você não pode ter a esperança de preenchê-las todas.

SOMA EM 3 SEG

Kurt Gödel atordoou o mundo com sua revelação de que ninguém nunca será capaz de escrever um conjunto completo de leis numéricas.

ADIÇÃO EM 3 MIN

Embora Gödel nos garanta que nunca poderá ser escrito um manual completo de regras para a aritmética, após seu trabalho teve início a construção de uma hierarquia de sistemas lógicos, na qual cada sistema preenche muitas das lacunas do sistema que vem abaixo. O tópico da "teoria da prova" compara as forças lógicas desses diferentes sistemas, enquanto os "matemáticos reversos" visam compreender onde se encaixam os resultados clássicos da matemática, investigando exatamente que suposições devem servir de base para provar um determinado teorema.

TEORIAS RELACIONADAS

INFINITO
p. 38
ALGORITMOS
p. 84
O PROGRAMA DE HILBERT
p. 142

BIOGRAFIAS EM 3 SEG

ALFRED TARSKI
1902-1983

JOHN VON NEUMANN
1903-1957

KURT GÖDEL
1906-1978

JOHN BARKLEY ROSSER
1907-1989

GERHARD GENTZEN
1909-1945

TEXTO DE 30 SEG

Richard Elwes

A aritmética está cheia de lacunas. Os matemáticos podem preencher quantas quiserem, sempre haverá outras mais.

A CONJECTURA DE POINCARÉ

A superfície de uma esfera não contém buracos. Isso é óbvio. Mas o que significa uma superfície ter um buraco? A definição matemática é esta: se você traça um caminho fechado em uma esfera, ele pode ser encolhido até se reduzir a um único ponto. Em um toro (a superfície de uma rosca), isso nem sempre funciona; um caminho que circunde o formato da maneira correta ficará preso em torno de seu buraco. Para os matemáticos, "sem buracos" significa que todas os caminhos fechados se contraem. Um toro duplo também tem buracos, assim como a garrafa de Klein, um formato mais exótico. Desde o começo do século XIX, sabemos que a esfera é, na verdade, a única superfície fechada sem buracos, quando considerada da perspectiva da topologia (ou "geometria da folha de borracha"). Isso quer dizer que toda superfície fechada sem buracos, como um cubo, pode ser deformada (sem rasgar) até chegar ao formato de uma esfera. Superfícies são formas bidimensionais. O que Poincaré perguntava era se a mesma coisa continua verdadeira quando passamos para as três dimensões, em que as superfícies são substituídas por formas chamadas de "variedades". Poincaré acreditava que a única variedade tridimensional sem buracos é a hiperesfera, a irmã mais velha da esfera ordinária. Isso foi finalmente provado em 2003 por Grigori Perelman.

SOMA EM 3 SEG

O matemático francês Henri Poincaré acreditava que as esferas, em todas as dimensões, eram as únicas formas que não continham buracos. Mais de um século depois, finalmente provaram que ele estava certo.

ADIÇÃO EM 3 MIN

A conjectura de Poincaré pode ser formulada para variedades em dimensões superiores. Em 1961, Steven Smale e Max Newman provaram que em todas as dimensões, da quinta em diante, as hiperesferas são de fato as únicas formas sem buracos. Então, em 1982, Michael Freedman provou que o mesmo é verdadeiro em quatro dimensões. Desse modo, a versão tridimensional, a que mais interessava a Poincaré, era na verdade a peça final do quebra-cabeça.

TEORIAS RELACIONADAS

TOPOLOGIA
p. 116

A FITA DE MÖBIUS
p. 120

BIOGRAFIAS EM 3 SEG

JULES HENRI POINCARÉ
1854-1912

STEPHEN SMALE
1930-

RICHARD HAMILTON
1943-

MICHAEL FREEDMAN
1951-

GRIGORI PERELMAN
1966-

TEXTO DE 30 SEG

Richard Elwes

Se todo caminho fechado pode ir encolhendo até reduzir-se a nada, então a forma deve ser uma esfera.

A HIPÓTESE DO CONTÍNUO

SOMA EM 3 SEG
O matemático alemão Georg Cantor descobriu que há muitos tipos de infinito. Como esses diferentes níveis de infinitude se relacionam uns com os outros permanece um mistério até hoje.

ADIÇÃO EM 3 MIN
No legado de Cantor a matemática se confunde com a ideologia, o que é pouco usual. Um contemporâneo, Leopold Kronecker, repudiou o tópico dizendo que "Deus criou os inteiros [os números naturais], todo o resto é obra do homem". David Hilbert, por outro lado, declarou: "Ninguém vai nos expulsar do paraíso que Cantor criou". Tais divergências continuam até hoje. Enquanto alguns teóricos dos conjuntos buscam novas leis que permitiriam decidir a hipótese do contínuo, outros sustentam que nunca poderemos saber se ela é verdadeira.

A lista dos números naturais prossegue indefinidamente: 1, 2, 3, 4, 5, ... Também existe uma infinidade de números reais (números decimais como 0,5 ou π ou 0,1234567891011121314...). Esses dois tipos de infinito são conhecidos, respectivamente, como "infinito contável" e "contínuo". Para desolação de seus contemporâneos, Georg Cantor provou que esses dois conjuntos, na verdade, possuem tamanhos diferentes. Em um sentido bem real, a reunião dos números decimais é um infinito maior que aquele dos números naturais. Mas não era só isso: Cantor identificou outros níveis de infinito, além desses dois (na realidade, infinitos níveis). Mas, para a maior parte da matemática usual, esses são os dois tipos mais importantes de infinito. Cantor havia mostrado que o contínuo é um infinito maior que o nível contável. O que ele não sabia era se existem níveis intermediários. Cantor acreditava que não, e sua conjectura veio a ser conhecida como a "hipótese do contínuo". Ela permaneceu em aberto até 1963, quando o matemático americano Paul Cohen provou o chocante resultado de que a hipótese do contínuo é formalmente indecidível. Isso significa que, dado o conjunto atualmente mais aceito das leis matemáticas, a hipótese do contínuo não pode ser nem provada nem refutada.

TEORIAS RELACIONADAS

INFINITO
p. 38
O PROGRAMA DE HILBERT
p. 142
O TEOREMA DA INCOMPLETUDE DE GÖDEL
p. 144

BIOGRAFIAS EM 3 SEG
GEORG CANTOR
1845-1918

KURT GÖDEL
1906-1978

PAUL COHEN
1934-2007

HUGH WOODIN
1955-

TEXTO DE 30 SEG
Richard Elwes

Há muitos tipos de infinito. Mas como podemos saber se já encontramos todos eles?

A HIPÓTESE DE RIEMANN

Mesmo hoje em dia, os números primos continuam a constituir uma das principais preocupações dos matemáticos. O problema é que são imprevisíveis demais, sendo muito difícil dizer quando ocorrerá o próximo número primo. Às vezes eles vêm aos montes e rápido (por exemplo, 191, 193, 197, 199) e em outros pontos há lacunas mais longas entre eles (por exemplo, 773, 787, 797, 809). Mesmo assim, em 1859, Bernhard Riemann produziu uma fórmula que dava alguma inteligibilidade a esse caos. Era exatamente o que os matemáticos estavam procurando. Ela podia estimar a quantidade de primos abaixo de um limite qualquer. Embora experimentos sugerissem que a fórmula funcionava perfeitamente, Riemann não foi capaz de provar que sempre daria a resposta correta. Ela se fundava em um objeto misterioso, chamado "função zeta de Riemann". Uma função é uma regra que toma um número como dado de entrada e solta outro número como dado de saída. No caso de Riemann, essa função tinha números complexos como dados tanto de entrada como de saída. O que Riemann precisava saber era qual dos dados de entrada produzia um zero. Ele construiu a hipótese de que todos os zeros importantes estão em uma reta vertical que encontra o eixo real (a) em $\frac{1}{2}$, reta que recebeu o nome de "linha crítica". Entretanto, nem ele nem qualquer outra pessoa desde então foi capaz de provar que isso é verdadeiro.

SOMA EM 3 SEG

Bernhard Riemann formulou uma regra que descrevia a distribuição dos números primos. Funciona, mas por enquanto ninguém foi capaz de provar sua legitimidade.

ADIÇÃO EM 3 MIN

Embora a hipótese de Riemann não tenha sido provada, suas ideias bastaram para demonstrar um importante resultado mais fraco: o teorema dos números primos. Conjecturado por Gauss em 1849, ele fornece uma excelente estimativa da quantidade de primos até um limite qualquer. A estimativa não é exata, mas consegue atingir um alto grau de precisão. Embora Gauss não tenha sido capaz de provar o teorema, em 1896 Hadamard e De la Vallée-Poussin o deduziram, de forma independente, ao restringir os zeros de Riemann ao interior de uma faixa retangular crítica entre 0 e 1.

TEORIAS RELACIONADAS

NÚMEROS IMAGINÁRIOS
p. 18
NÚMEROS PRIMOS
p. 22
TEORIA DOS NÚMEROS
p. 30

BIOGRAFIAS EM 3 SEG

CARL FRIEDRICH GAUSS
1777-1855

BERNHARD RIEMANN
1826-1866

JACQUES HADAMARD
1865-1963

CHARLES DE LA VALLÉE-POUSSIN
1866-1962

TEXTO DE 30 SEG

Richard Elwes

Todos os zeros de Riemann estão na linha vertical em ½? Essa é a questão que permanece entre nós e os mistérios dos números primos.

Linha crítica
b
a
-2
-1
0
1/2
1
1381 1399 1409 1423 1427 1429 1433 1439
2293 2297 2309 2311 2333 2339 2341 2347
3083 3089 3109 3119 3121 3137 3163 3167 3169 3181
3433 3449 3457 3461 3463 3467 3469 3491 3499

APÊNDICES

FONTES DE INFORMAÇÃO

LIVROS

50 Mathematical Ideas You Really Need to Know
Tony Crilly (Quercus, 2008)

A equação que ninguém conseguia resolver: como um gênio da matemática descobriu a linguagem da simetria
Mario Livio (Record, 2008)

A música dos números primos: a história de um problema não resolvido na matemática
Marcus du Sautoy (Zahar, 2007)

A solução de Poincaré: em busca da forma do universo
Donal O'Shea (Record, 2009)

Designing and Drawing Tessellations
Robert Fathauer (Tessellations, 2010)

e: a história de um número
Eli Maor (Record, 2003)

Fractal Trees
Robert Fathauer (Tarquin Publications, 2011)

Gödel, Escher, Bach: laços eternos
Douglas Hofstadter (Gradiva, 2013)

How to Build a Brain
Richard Elwes (Quercus, 2011)

Inumerismo: o analfabetismo matemático e as suas consequências
John Allen Paulos (Europa-América, 1988)

O livro da matemática: de Pitágoras à 57ª dimensão, 250 marcos da história da matemática
Clifford A. Pickover (Librero/Paisagem, 2011)

Matemática divertida e curiosa
Malba Tahan (Record, 2002)

Mathematical Puzzles and Diversions
Martin Gardner (Penguin, 1991)

Maths 1001
Richard Elwes (Quercus, 2010)

Number Theory: A Lively Introduction with Proofs, Applications, and Stories
James Pommersheim, Tim Marks e Erica Flapan (John Wiley & Sons, 2010)

O homem que calculava
Malba Tahan (Record, 2001)

O homem que só gostava de números
Paul Hoffman (Gradiva, 2000)

O livro dos códigos
Simon Singh (Record, 2010)

O livro dos números
John H. Conway e Richard K. Guy (Gradiva, 1999)

O último teorema de Fermat
Simon Singh (Best Bolso, 2014)

Planolândia: um romance de muitas dimensões
Edwin Abbott (Conrad, 2002)

Razão áurea: a história de fi, um número surpreendente
Mario Livio (Record, 2006)

The Colossal Book of Mathematics
Martin Gardner (W. W. Norton & Co., 2004)

The Princeton Companion to Mathematics
Timothy Gowers (ed.)
(Princeton University Press, 2008)

Uma senhora toma chá: como a estatística revolucionou a ciência do século XX
David Salsburg (Zahar, 2009)

What Is the Name of This Book? The Riddle of Dracula and Other Logical Puzzles
Raymond Smullyan (Penguin Books, 1981)

SITES (em inglês)

+Plus Magazine
http://plus.maths.org/content
Revista on-line de matemática com notícias da área e artigos de matemáticos e escritores científicos de destaque.

Cut the Knot
http://www.cut-the-knot.org
Reunião enciclopédica de fontes de informação matemática para todas as séries escolares. Jogos aritméticos, problemas, quebra-cabeças e artigos.

MacTutor History of Mathematics Archive
http://www-history.mcs.st-and.ac.uk
Informações sobre o desenvolvimento da matemática e biografias de matemáticos famosos.

Math is Fun
http://www.mathsisfun.com
Matemática para crianças, professores e pais – com um dicionário ilustrado muito útil.

The Mathematica Demonstrations Project
http://demonstrations.wolfram.com
Animações relacionadas a um grande número de tópicos matemáticos.

PlanetMath
http://planetmath.org
Comunidade virtual que visa tornar o conhecimento matemático mais acessível.

Wolfram MathWorld
http://mathworld.wolfram.com
Rica fonte de informações sobre a matemática e a maior reunião do mundo de fórmulas e gráficos matemáticos.

SOBRE OS COLABORADORES

Richard Brown é diretor dos estudos de graduação no Departamento de Matemática da Johns Hopkins University em Baltimore, Maryland. Sua pesquisa matemática compreende o uso de sistemas dinâmicos para estudar as propriedades topológicas e geométricas das superfícies, investigando como as transformações topológicas de um espaço afetam a geometria desse espaço. Brown também atua no estudo e no aprimoramento da eficiência da educação universitária no nível da graduação e de como os estudantes realizam a difícil transição entre a matemática do ensino médio e a da universidade.

Richard Elwes é matemático e professor e publicou vários artigos sobre a álgebra da teoria dos modelos. Entre seus livros estão *Maths 1001* e *How to Build a Brain*. Escreve regularmente sobre assuntos matemáticos para a revista *New Scientist* e gosta de dar palestras e aulas interativas em escolas e para o público geral. Já participou do *BBC World Service* e do podcast Science Weekly, do jornal *The Guardian*. Atualmente, leciona na Universidade de Leeds, onde vive com a esposa.

Robert Fathauer, criador de *puzzles*, artista e autor, é dono da Tessellations, uma empresa especializada em produtos que combinam matemática e arte. Escreveu artigos sobre padrões inspirados no trabalho de Escher, mosaicos fractais e nós fractais, e entre seus livros estão *Designing and Drawing Tessellations* e *Fractal Trees*. Também organizou diversas mostras coletivas sobre arte matemática, tanto nos EUA como na Europa. Bacharel em matemática e física pela Universidade de Denver e PhD em engenharia elétrica pela Universidade Cornell, foi por vários anos pesquisador e líder de equipe no laboratório de propulsão a jato da Nasa.

John Haigh é palestrante emérito em matemática na Universidade de Sussex. Seus principais interesses de pesquisa têm sido as aplicações da probabilidade, especialmente na biologia e em jogos de azar. Além de lecionar em universidades, ministrou palestras populares em uma série organizada pela Sociedade Real de Estatística e pela Sociedade Matemática de Londres. Entre seus livros estão *Taking Chances*, uma explicação da probabilidade para o público leigo e (em coautoria com Rob Eastaway) *The Hidden Mathematics of Sport*, que mostra diversas maneiras pelas quais o pensamento matemático pode aumentar o sucesso e a diversão no esporte.

David Perry é diplomado em matemática pela Universidade de Wisconsin e pela Universidade de Illinois. Lecionou por dois anos no Ripon College em Wisconsin, antes de se tornar um desenvolvedor de software na iniciativa privada. Também lecionou no programa do Centro para Talentos da Juventude da Johns Hopkins University a cada verão desde 1997, ministrando aulas sobre teoria dos números, criptologia e criptologia avançada. Escreveu um grande número de exercícios para o manual *Number Theory: A Lively Introduction with Proofs, Applications, and Stories*, de James Pommersheim, Tim Marks e Erica Flapan. Está trabalhando em seu primeiro romance, uma obra de fantasia histórica que pretende revelar a verdadeira história de Davi e Golias.

Jamie Pommersheim é professor catedrático de matemática no Reed College, em Portland, Oregon. Publicou artigos de pesquisa em diversas áreas, como geometria algébrica, teoria dos números, topologia e computação quântica. Ensinou teoria dos números a alunos de vários níveis e é coautor de *Number Theory: A Lively Introduction with Proofs, Applications, and Stories* (2010).

ÍNDICE

AGRADECIMENTOS

CRÉDITOS DAS ILUSTRAÇÕES
A editora gostaria de agradecer às seguintes pessoas e organizações pela gentil permissão para reproduzir suas imagens neste livro. Não poupamos esforços para dar o crédito devido às imagens e pedimos desculpas por eventuais omissões.

129: cubo de Rubik® usado com a permissão de Seven Towns Ltd. www.rubiks.com
131: A permissão para usar as imagens de nós foi cortesia de Dale Rolfsen, Rob Scharein e Dror Bar-Natan.

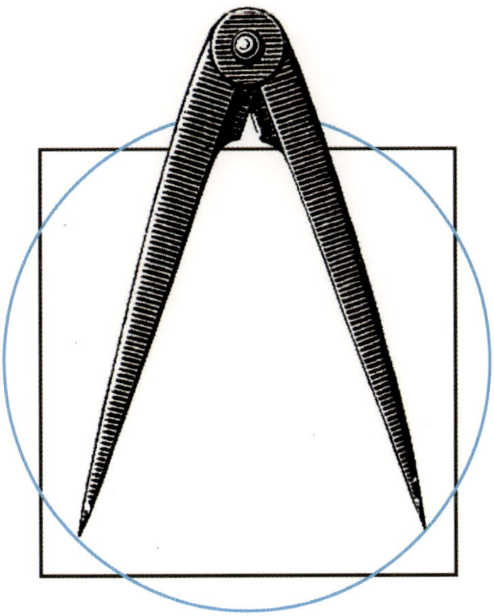